了凡四训

〔明〕袁了凡 著

张景 张松辉 译

中华书局

图书在版编目（CIP）数据

了凡四训/（明）袁了凡著；张景，张松辉译. —北京：中华书局，2021.11（2023.9 重印）
ISBN 978-7-101-15407-8

Ⅰ.了… Ⅱ.①袁…②张…③张… Ⅲ.《了凡四训》-译文 Ⅳ.B823.1

中国版本图书馆 CIP 数据核字（2021）第 206015 号

书　　名	了凡四训
著　　者	〔明〕袁了凡
译　　者	张　景　张松辉
责任编辑	舒　琴
责任印制	陈丽娜
出版发行	中华书局
	（北京市丰台区太平桥西里 38 号　100073）
	http://www.zhbc.com.cn
	E-mail:zhbc@zhbc.com.cn
印　　刷	北京盛通印刷股份有限公司
版　　次	2021 年 11 月第 1 版
	2023 年 9 月第 2 次印刷
规　　格	开本/787×1092 毫米　1/32
	印张 4⅜　插页 2　字数 100 千字
印　　数	20001-25000 册
国际书号	ISBN 978-7-101-15407-8
定　　价	29.00 元

主要人物

袁了凡

名黄，号了凡。明代思想家。其命运受孔先生、云谷禅师两位影响极大。万历十四年中进士，享年七十四岁，有一子名袁俨（天启），后亦中进士。

孔先生

了凡十七岁时遇到他，因他测算精准，了凡之后二十年间深信命运已先天注定，于是心如死灰，不思进取，一切都听天由命了。

云谷禅师

明代高僧。俗姓怀，法号法会，别号云谷。了凡三十七岁时遇到他，因其"立命之学"（命由我作，福自己求）而大彻大悟，从而改变了一生的命运。

前 言

　　每个人的命运，是上天注定的？还是掌握在自己手中呢？如果说命运掌握在自己手中，那么又该如何改善命运以获取福祉？明朝人袁了凡在《了凡四训》中用自己的亲身经历，对这一问题做出了令人信服的回答。

一

　　了凡先生生于 1533 年，去世于 1606 年，祖籍在江苏吴江（今苏州吴江区），出生于浙江嘉善（今浙江嘉善）。在他十四岁时，父亲去世。了凡先生遵照父亲的遗愿与母亲的嘱咐，放弃了举业，开始学医。十七岁时，他偶遇善于预测命运的云南人孔先生，在孔先生命定论的鼓励下，了凡先生重拾举业。

　　与孔先生的相遇，使了凡先生对于命运是先天注定的说法深信不疑，因为孔先生为他算定的大小事情，竟然能够事事应验，甚至每次考试所占的名次，都被预测得丝毫不差。除了已经应验的事情之外，孔先生还算定他今后可以成为贡生（选入京师国子监读书的秀才），将在五十三岁那年寿终正寝，可惜一生无子。

　　既然命运是先天注定的，那么后天的努力就显得毫无意义了，于是深信命定论的了凡先生从此心如死灰，一切都听天由命，再也无所追求了，身为读书人的了凡先生，此后竟然连书也不愿再读了。

　　隆庆三年（1569），三十七岁的了凡先生拜访了南京栖霞寺的云谷禅师，两人进行了一次改变了凡先生命运的深谈。

　　云谷禅师告诉他说："一个人如果不能消除虚妄的世俗之心，那么他就会自始至终被万事万物所束缚，怎么能没有注定的命运呢？但是只有那些凡夫俗子才有注定的命运；极为善良的人，原本注定的命运根本就无法使他的吉凶祸福一成不变；极为凶恶的人，原本注定的命运也根本无法使他的吉凶祸福一成不变。"接着，云谷禅师还引用儒、释、道三家圣人的教导，指出"一切福田，不离方寸；从心而觅，感无不通"。

云谷禅师的教导如醍醐灌顶，使了凡先生大彻大悟，瞬间明白了立命之学的精义——命由我作，福自己求。

这八个字可以说是《了凡四训》全书的核心所在：每个人的命运都把握在自己手中，所有的福祉全靠自己追求。

了凡先生初名表，后改名黄，字坤仪，号学海。因为明白了立命之学，他就不愿再做一个受制于命运的凡夫俗子了，于是改号为"了凡"，也即从此了却凡夫之身的意思。

从此之后，了凡先生的精神面貌焕然一新，他做到了云谷禅师所说的"从前种种，譬如昨日死；从后种种，譬如今日生"，死灰般的心灵重新获得了勃勃生机，了凡先生又成为一位自强不息、积极进取的行善之人。

所谓"命由我作，福自己求"的关键，就在于积德行善，也即《周易》说的："积善之家，必有余庆；积不善之家，必有余殃。"

为了敦促自己行善，了凡先生接受了云谷禅师赠与的"功过格"，把此后所做的事情，逐日登记在"功过格"上；如果做了善事，就在"功格"上面登记一个数字；做了恶事，就减去一个行善数字，或者在"过格"上面登记一个数字。过一段时间，就对自己的功与过进行加减计算，以弄清楚这段时间是功大于过，还是过大于功。

同时他还受持、念诵《准提咒》，以保证善恶报应一定能够应验。

了凡先生的夫人在他的感召下，也开始每日行善。由于夫人不会写字，她每做一件善事，就用鹅的羽毛管，在日历上印下一个红色的圆圈，或者是施舍食物给穷人，或者是买来鸟兽放生，有时候一天印下的红圈多达十几个。

由于了凡夫妇的持续行善，他们的命运很快得到了改观。孔先生原本算定了凡先生礼部考试应得第三名，结果竟然考了第一。

不仅小事不再应验，大事也不应验了：孔先生算定他只能成为贡生，结果却考中了进士；算定他的寿命只有五十三岁，结果他活了七十四岁，《了凡四训·立命之学》就是在他六十九岁时撰写的；算定他今生无子，结果他却生了个非常优秀的儿子袁天启。

了凡先生在《立命之学》中现身说法，对比自己笃信命定论时的生活情形，与悟得"命由我作"以后的命运改善情况，用亲历的事实验证善恶有报的真实不虚。了凡先生边说理，边叙事，相互彰明，再加上这些话是对儿子袁天启讲的，态度恳切，语言朴实，所以具有极强的感染力与说服力。

二

为了更好地把握自己的命运，改善个人生活，了凡先生在阐述了"命由我作，福自己求"的道理之后，还进一步介绍了"改过之法""积善之方"及"谦德之效"，使立命求福具有更强的操作性。

首先阐述"改过之法"。

既然善恶有报，那么改正错误、消除罪孽就成为一个人的当务之急，所以了凡先生自然而然地提出如何改过的问题。

改过需要"三心"，即羞耻心、敬畏心、勇敢心，也就是要求改过者在明辨是非的基础上，带着满怀愧疚的羞耻之感与战战兢兢的敬畏之心，去勇敢地改正错误。

接着提供改过的三条途径：一是从事上改，就事论事，强制自己不去做具体的坏事；二是从理上改，想清楚道理后，再去顺理成章地改正错误；三是从心上改，也就是从心底深处清除一切错误念头。

了凡先生认为，从心上改是最好的方法，一旦心中有了正念，就如同"太阳当空，魍魉潜消"一样，所有的错误念头与过失行为都将自然消失。

其次谈"积善之方"。

改正过失、消除罪孽只是做人的底线，并不能使人得到福报。一个人要想把握、改善自己的命运，还必须不断地积累善行。于是了凡先生在阐述"改过之法"之后，接着就为人们提供了"积善之方"。

他首先用舜帝、孔子的故事引出"积善之家，必有余庆"这一道理，接着用十个事实进一步予以印证。

为了避免行善时出现偏差，了凡先生还不厌其烦地辨析了行善的真与假、端与曲、阴与阳、是与非、偏与正、半与满、大与小、难与易这八个问题。

为了指导人们行善，了凡先生又列举了与人为善、爱敬存心、成人之美、劝人为善、救人危急、兴建大利、舍财作福、护持正法、敬重尊长、爱惜物命这十类具体的行善内容。

最后强调"谦德之效"。

　　谦虚不过是各种美德之一，了凡先生却专列一篇阐述谦虚之德，可见他对这一问题的重视程度。了凡先生一开始就引用《周易》与《尚书》的格言，说明谦虚的益处；接着一连讲述了五个故事，用事实证明"满招损，谦受益"的道理；最后强调，求取功名、福祉的主动权完全掌握在自己手中，只要立定志向，时时保持谦虚，处处与人方便，就一定能够得到上天的福佑，就一定能够获取功名。

三

　　最后需要强调的是，了凡先生在论述"命由我作，福自己求"的时候，紧紧扣着一个"心"字。

　　在谈到把握自我命运时，他深信六祖惠能"所有的福祉，都离不开自己内心的追求"的教诲，认为要想为自己"立命"，首先要从"心善"做起。

　　在讨论"改过之法"时，了凡先生特别强调羞耻心、敬畏心、勇敢心这"三心"。

　　他在提供改过的三条途径时，也把"从心上改"

放在最重要位置上："错误有成千上万种，但都是产生于内心；如果我们心里没有产生错误的念头，错误的行为又如何能够发生呢？……错误是由内心造成的，也要从内心去改正，就好比想要斩断毒树，只需直接砍断它的根即可，又何必一根树枝一根树枝地去砍伐、一片叶子一片叶子地去摘除呢？"

在谈到"积善之方"时，了凡先生反复强调的是"存心"："君子和小人，如果从他们的表面言行来看　常常容易相互混淆，如果从他们的一点用心处去观察，那么他们的善恶差别就极大了，这种差别清楚明白得就如同黑色和白色那样截然相反。"

至于本书第四部分所讲的"谦德"，更是属于"心"的问题。了凡先生认为，一个人如果能够做到谦虚谨慎，上天就会处处护佑于他。

善恶全由心生，一切皆由心造。了凡先生处处把握着一个"心"字，就是把握住了"命由我作，福自己求"的最关键问题。

《了凡四训》问世之后，受到诸如曾国藩、胡适等许多名人的推崇，并使他们终生受益。曾国藩正是在读了本书"从前种种，譬如昨日死；从后种种，譬如今日生"之后，改号为"涤生"，表达了涤除旧习、焕发新生、自强不息的理念，最终使自己成为一代名臣。

我们热切地推荐《了凡四训》给读者诸君，相信在阅读此书之后，您一定会有意想不到的收获，在避凶趋吉、利益众生的人生道路上，也一定会走得更远、更为顺畅。

张景 张松辉

2021 年 8 月

立命之学

在我小时候，父亲就去世了，母亲要我放弃科举考试的学业去学医，她说："学医可以养活全家，也可以救助别人，而且学习一门技艺还能以此成名，这也是你父亲的遗愿啊。"

后来我在慈云寺，遇到一位老人，他胡须修长相貌伟岸，神采飘逸就像神仙一般，我对他非常尊敬，向他行礼。

老人问我："你注定是官场中的人啊，明年就可以参加岁试进入府、县学校当秀才了，为什么还不去读书呢？"

我就把母亲让我放弃科举去学医的缘故告诉他，并且询问老人的姓氏和籍贯。

老人告诉我说："我姓孔，是云南人。我得到了邵雍先生《皇极经世书》的嫡传，命中注定应该把这门学问传授给你。"

我就把这位孔先生邀请到家里，并禀告给母亲。母亲说："要好好招待他。"我们试验他的占卜之术，结果事无大小全部应验。

　　我于是就产生了继续读书、参加科考的念头，并与表兄沈称商量这事，表兄说："郁海谷先生正在沈友夫家里开设私塾，我送你去跟着他们一起学习也很方便。"于是我就拜郁海谷先生为师。

　　孔先生为我占卜了第二年考试的情况：参加县级的童生考试，我可以考到第十四名；府考能够考到第七十一名；提学考能够考到第九名。结果第二年我参加考试，三次考试的名次和孔先生占卜的都完全相符。

　　孔先生又为我占卜了一生的吉凶祸福，他说："某某年的年考你能考取第几名，某某年你能补为廪生，某某年你能成为贡生，成为贡生后的某某年，你会当选为四川的一个知县，在做知县三年半以后，你就应该辞职回家。到了五十三岁那年八月十四的丑时，你会在家中去世，可惜你这一生没有儿子。"

　　我就把孔先生的这些话一一记录下来并牢记在心。从此以后，所有遇到的考试，每次考出的先后名次，都和孔先生预测的一模一样。

只有一件事，他预测我领取廪米达到九十一石五斗的时候就应该被选拔为贡生，可在我领取到七十多石时，屠宗师就批准我增补为贡生，我私下开始怀疑孔先生预测的准确性。后来此事果然被代理提学杨公所驳回，一直到了丁卯年（1567），殷秋溟宗师看到我在考场里撰写的、后来作为备选的试卷，感叹说："这五篇策论，水平就和大臣写给皇上的奏章一样，怎么能让这位知识渊博、明达事理的儒生老死在窗下呢！"于是就依照县学的申请文书，批准我成为贡生。这样，把以前领取的粮米合计在一起 到这个时候恰好领取了九十一石五斗。

我因此更加相信人的进退命运都已注定，或早或晚也都有注定的时间，于是就心境淡然而无所追求了。我作为贡生来到北京，在北京的一年里，整天静静地坐在那里，也不再读什么书了。

己巳年（1569），我回到江南家乡，求学于南京的国子监。在没有进入国子监学习之前，我先到栖霞山去拜访云谷禅师，我同禅师面对面坐在一间禅房里，三天三夜都没有合眼。

云谷禅师问我："大凡人们无法成为圣人的原因，只是因为各种妄念纠缠在他们心中而已。你整整静坐了三天，却不见你产生一丝一毫的妄念，这是为什么呢？"

我回答说："我的命运已经被孔先生测算清楚，荣辱生死，都已命中注定，即使想有一些妄念，也没什么可以妄想的了。"

云谷禅师笑着说："我原来还把你看作人中豪杰，原来只不过是一介凡夫俗子而已。"

我请教云谷禅师认定我是凡夫的缘故，他回答说："一个人如果不能消除虚妄的世俗之心，那么他就会自始至终被万事万物所束缚，怎么能没有注定的命运呢？但是只有那些凡夫俗子才有注定的命运；极为善良的人，原本注定的命运根本就无法使他的吉凶祸福一成不变；极为凶恶的人，原本注定的命运也根本无法使他的吉凶祸福一成不变。你二十年以来的命运，都被孔先生预测准确，不曾有丝毫的改变，你难道不是个凡夫俗子吗？"

我问道："那么可以逃避已经注定的命运吗？"

云谷禅师回答说："命运的好坏是由我们自己决定的，福祉也要靠我们自己去追求。《诗经》《尚书》里面讲的这类内容，的确是圣明的训导。我们佛教的经典中也说：'追求富贵的人就能得到富贵，追求儿女的人就能生儿育女，追求长寿的人就能长寿。'说假话是佛教的大戒，诸位佛祖和众多菩萨，难道会讲假话欺骗人们吗？"

我进一步请教说："孟子说：'去追求就能够得到，这是说是否去追求关键在于我们自己。'道德仁义可以努力地去求得；功名富贵，又怎样能够求得呢？"

云谷禅师说："孟子的话没有说错，是你自己理解错了。你有没有听到六祖惠能这样说过：'所有的福祉，都离不开自己内心的追求；从内心真诚地去追求福祉，就会感动神灵而顺利得到。'如果我们自己诚心诚意地去追求，不仅能获取道德仁义，也能得到功名富贵；内在的仁义品德和外在的功名富贵就能双双得到，这就说明诚心努力追求有益于获取。

"如果不能回过头来在内心进行自我反省，而只是一味地向外追求，那么'即使按照正确的原则去追求，是否能够得到就靠命运决定了'，这样就会使内在的仁义品德和外在的功名富贵双双失去，因此追求也就没有任何益处了。"

云谷禅师接着问我："孔先生为你预测的一生命运是怎样的呢？"

我如实做了回答。云谷禅师又问："你自己觉得你能获取科举功名吗？能有儿子吗？"

我追忆往事，反省很久，然后说："不能啊。能考中科举功名的人，似乎都有福相，而我却没有福相，再加上我不能积累功德善行，以培植获取厚福的根基；另外我还不能忍受纷杂繁难的事务，不能宽容别人；有时也许还会凭借自己的才智去压制别人，心里怎么想就怎么做，轻易发言，随意乱说。所有这一切都是福气薄少的表现，我怎么能考取功名呢？

"粪土多的地方能长出很多的东西，清澈见底的水域常常没有鱼类，而我就特别爱干净，这是我不该有儿子的第一个原因；

"和气能养育万物，而我却喜欢发怒，这是我不该有儿子的第二个原因；

'仁爱是万物生生不息的根本，狠心是万物不能生育的根由，而我太爱惜名节，经常不能放下身段去帮助、挽救那些品行不太好的人，这是我不该有儿子的第三个原因；

"我平时喜欢说话消耗了精气，这是我不该有儿子的第四个原因；

"我爱好饮酒损害了精力，这是我不该有儿子的第五个原因；

"我喜欢熬夜，不懂得保养元气、爱护精神，这是我不该有儿子的第六个原因。

"我的其他过失和恶行还有很多，无法一条一条地全部讲完。"

云谷禅师说："岂止科举考试是这样的！世间那些享有千金家产的人，一定是德才能够与千金家产相匹配的人；享有百金家产的人，一定是德才能够与百金家产相匹配的人；那些饿死的人，一定是应该饿死的人；上天不过是依据他们的德才监视着他们而已，何曾掺进自己的丝毫倾向呢？

"再比如生儿子的事，积累的功德能够庇护百世子孙的人，一定会有百世子孙去保护、祭祀他；积累的功德能够庇护十世子孙的人，一定会有十世子孙去保护、祭祀他；积累的功德能够庇护三世、二世子孙的人，一定会有三世、二世子孙去保护、祭祀他；那些断绝后代没有子孙的人，他的功德一定是最少的啊。

"现在既然你知道了自己的错误，那就应该把过去那些能够引起科举考试无法成功，以及不能生育儿子的品德言行，尽心尽力地全部洗刷干净。你以后一定要积累功德，一定要学会包容，一定要温和仁爱，一定要爱惜精神。

'从前的种种言行，就譬如它们已在昨天消失；从今以后的种种言行，就譬如它们今天才刚刚重生，这样尔就等于获取了新的道德、义理之身。

"没有提升品德的血肉之躯，还是有注定的命运的；而道德义理之身，难道就不能感通上天吗？《尚书·太甲》说：'上天造成的灾难，还是可以避免的；如果自己为自己制造灾难，那就无法挽救了。'《诗经》说：'要永远遵循天命，为自己多求得一些福祉。'

"孔先生预测你科举无法成功，也不能生育儿子，这是上天造成的灾难，这些灾难还是可以逃避的；你如今提升自己的德行，努力去做善事，多多地积累阴德，这就是自己为自己求得的福祉，怎么能不去享受呢？

"《周易》为君子们出谋划策，帮助他们求得福祉并且避开凶险；如果说上天注定的命运是固定不变的，那么福祉怎么能求得，凶险又怎么能避开呢？《周易》开篇讲的第一个意思，就是说：'不断积累善行的人家，一定会获取很多的福祉。'你相信不相信这些话呢？"

我信服云谷禅师讲的这些话，向他拜谢并接受了他的教诲。

我接着就把自己从前犯下的种种罪过，在佛祖面前诚心诚意地全部坦白，还写了一篇祈祷文，先祈求科举考试成功，接着发誓要做三千件善事，以报答天地与祖宗的恩德。

云谷禅师把"功过格"拿出来让我看，要我把今后所做的事情，一天天登记在"功过格"上；如果做了善事就登记一个数字，做了恶事就减去一个数字；而且还教我受持、念诵《准提咒》，以保证善恶报应一定能够应验。

云谷禅师告诉我说："符箓家有这样一些话：'不会画符，就会被鬼神嘲笑。'画符是秘密传授的，其中的关键就是画符时不要产生任何念头。拿起笔画符的时候，事先一定要把各种事情放下，一丝一毫的尘念都不要放在心里。然后就趁着这个一丝念头都没有的时刻，画下第一笔，这一笔叫'混沌初开，万物始成'。从第一笔开始，接着顺势一笔画成，心中没有任何思虑，这样画出的符就有灵验。

'凡是想祈求上天以改善命运的人，都要用清虚空净、无思无虑的心态去感动上天。孟子在讨论把握自我命运这一学问的时候，就说：'无论是短命还是长寿，都要专心不二。'短命与长寿，是最容易让人分心的事情啊。在一个人一心向善而不产生任何其他念头的时候，那什么算是短命，什么又算是长寿呢？

"仔细地分析、推理开去，无论是丰收还是歉收，都一心向善而不分心，然后才可以改善自己的贫富之命；无论处于顺境还是逆境，都一心向善而不分心，然后才可以改善自己的贵贱之命；无论是短命还是长寿，都一心向善而不分心，然后可以改善自己的生死之命。

"人生活在世间，只有生死问题最为重要，孟子只说了短命和长寿的问题，那么一切顺境逆境、好事坏事就全部包括进去了。

"至于孟子说的'修养好自身的品德安心等待时机'，讲的是积累美德祈祷上天的事情。孟子说'修养好自身的品德'，就是讲自身一旦有了过错罪恶，都应该立即改正去除；孟子说的'安心等待时机'，就是要求一丝一毫的非分之想、一丝一毫的迎来送往之心，都应该清除干净。如果修养到这种地步，就能直接进入没有任何祸福、是非念头的空净境界，这就是真正的学问。

"你还没有达到这种清除所有念头的空净境界，只要能做到认真修持、念诵《准提咒》也可以，念诵时既不要记录也不要计数，不要间断，要修持、念诵得十分纯熟，在修持、念诵时不要执著地认为自己是在修持、念诵，在不认为自己是在修持、念诵的同时还要认真修持、念诵，一旦达到没有妄念的时候，就会灵验了。"

我以前自号"学海"，当天就改号为"了凡"，许是因为我明白了把控自我命运的道理，而不想再像凡夫俗子那样落到注定的命运之中。

从此以后，我整天小心谨慎，于是就觉得自己和以前大不一样了。从前只是悠闲自在、放任自流地混日子，现在我自然有了战战兢兢、小心翼翼的言行举止，即使在无人知晓的室内，我也时刻担心会获罪于天地鬼神；遇到别人憎恨我、毁谤我的时候，我也自然能够心境淡然、非常宽容地接受了。

到了第二年，我参加礼部主持的带有考核性质的科举考试，孔先生预测我能够考到第三名，我却突然考了第一名，他的预测不再应验了，在秋天的乡试时我考上了举人。

但是我的仁义行为还不够纯粹，自我检查还有许多过失：有时候看到应该做的善事却缺乏行动的勇气，有时候在救助别人时心里却常常迟疑不决；有时候自己努力去做善事，却又出言不当；有时候清醒时能够约束自我，喝醉后又放纵起来。所犯的过失抵消了所做的功德，许多时光就这样虚度了。

自从己巳年（1569）我发下誓愿，一直到了己卯年（1579），历时十余年，三千件善行才圆满完成。当时我正跟随李渐庵先生到关中办事，还没有来得及把积累的功德回转给众生。庚辰年（1580）回到南方家乡后，才请了性空禅师、慧空禅师等诸位高僧，在东塔寺的禅堂里举办了回向法事。

这时我又发下求子的誓愿，发愿再做三千件善事。结果，辛巳年（1581）就生下了儿子袁天启。

我每做一件善事，随即就用笔记录下来；你母亲不会写字，她每做一件善事，就用鹅的羽毛管，在日历上印下一个红色的圆圈。或者是施舍食物给穷人，或者是买来鸟兽放生，有时候一天印下的红圈多达十几个。

到了癸未年（1583）八月，三千件善事已经圆满完成。我又一次邀请性空禅师等高僧，在家里的佛堂做了一次回向法事。

这一年的九月十三日，我又起了考中进士的念头，发愿做一万件善事。到了丙戌年（1586）果然考中进士，被授予宝坻知县一职。

我准备了一本空白簿册，为它起名《治心编》。每天早上起床来到公堂办理公务时，就让家人把《治心编》交给衙役，放在桌案上，当天自己所做的善事恶事，无论大小全部详尽地记录下来。到了晚上，就在庭院里摆设一张桌案，仿效北宋赵阅道的做法，点上香，然后把自己当天所做的一切禀告给天帝。

你母亲看到我所做的善事不多，就会皱着眉头说："我以前在家里的时候，还可以帮你一起做，所以能很快完成三千件善事；现在发愿做一万件善事，县衙里也没多少善事可做，什么时候才能圆满完成这一万件善事的任务呢？"

夜里，我偶然梦见一位神人，就对他讲了一万件善事难以完成的困境。神人告诉我说："仅仅只要减轻百姓税粮这一件事，就抵得上一万件善事了。"

宝坻县的土地，每亩要上缴两分三厘七毫的税银。我对此事进行仔细地筹划安排，减少到了每亩一分四厘六毫。

我确实对于梦见神人这件事情，心里很是感到吃惊疑惑。刚好幻余禅师从五台山来到宝坻，我就把这个梦告诉他，并且向他请教这个梦是否可信，幻余禅师回答说："如果行善之心真诚恳切，即便是一件善事也抵得上一万件善事，更何况是为全县减少税银，使成千上万的百姓获得了福祉呢！"

我当即捐出自己的俸银，请幻余禅师在五台山为一万名僧人布施斋饭，并把自己积累的功德转赠给他们。

孔先生预测我五十三岁时有大难，寿终于此，我也从没向神灵祈求过长寿，但是那一年竟然平安无事，现在我已经六十九岁了。

《尚书》中说："天命很难相信依靠，因为天命变化无常。"《尚书》中还说："天命不是恒久不变的。"这些话都不是骗人的谎话。

我从自己的切身经历和《尚书》的言论中明白了，凡是说祸福吉凶都是自己造成的，就是圣贤的言论；如果说祸福吉凶都是天命注定的，那就是凡夫俗子的论调。

孩子，你的未来命运，还不知道是什么样的。

即便是命运亨通、荣华富贵，你也要经常做好失意落魄的思想准备；

即便是十分顺利的时候，你也要经常做好陷入逆境的思想准备；

即便是眼前丰衣足食，你也要经常做好应对贫穷的思想准备；

即便是受到别人的爱戴尊敬，你心里经常也要战战兢兢、如履薄冰；

即便是家道兴旺、声望很高，你心里经常也要想着谦卑退让；

即便是学问极为优异，你心里也经常要把自己视为见识浅陋之人。

孩子，从远处讲，要考虑如何发扬光大祖先的美德；从近处讲，要考虑如何妥善弥补父母的过失。

对上，要多想想怎么报效国家；对下，要多想想怎么造福家庭。

对外，要时刻想着救人之急；对内，要时刻防止个人邪念。

孩子，一定要天天反省自己的错误，天天改正自己的过失；如果一天不反省自己的错误，这一天就会安于自以为是的状态；如果一天没有什么过失值得自己去改正，那么这一天也就没有进步可言。

天下聪明俊秀的人不少，但其中一些人品德缺乏修养、学业未能提升的原因，只是因为"因循"二字，结果耽误了自己的一生。

云谷禅师传授给我的把握自我命运的学说，是最为精妙、最为深邃、最为真实、最为正确的道理，希望你能认真体会并按照这一道理去身体力行，千万不要虚度了自己的一生。

改过之法

春秋时期的士大夫们，看到别人的言行，就能够预测出这个人的祸福吉凶，没有不应验的，在《左传》《国语》等许多史书中都可以看到这类记载。

大体上说，祸福吉凶的苗头，首先产生于心里而后体现在行为上，那些美德极为深厚的人常常会获得福祉，那些品质过于刻薄的人常常会遇到灾难。

世俗人的眼睛会被许多事情所蒙蔽，就认为命运无法确定也无法预测。

最为真诚之人的思想境界与天道融而为一，当福祉将要降临于某人时，最为真诚之人通过观察他的善行就一定能够预先知道；当灾祸将要降临于某人时，最为真诚之人通过观察他的恶行也一定能够预先知道。

如今要想获得福祉而远离灾祸，在没有谈到行善的问题之前，首先必须改正错误。

凡是要改正错误的人，第一，要有羞耻之心。

想想古代那些圣贤，和我们同样是七尺男儿，他们为什么能够成为千秋万代人的学习榜样？我们为什么就像破碎的瓦片那样一无是处？

有些人沉溺于世俗的名利之中，私下做了许多不义之事，还以为别人都不知道，依旧傲然自负没有丝毫羞愧之心，这种人将会一天天地沦为禽兽而自己感觉不到；世上值得羞耻的事情，没有比这个更大的了。

孟子说："羞耻之心对一个人来说实在是太重要了。"因为有了羞耻之心就可以成为圣贤，没有羞耻之心就会沦为禽兽。具有羞耻之心是改正错误的关键所在。

第二，要有敬畏之心。

天地间的神灵就在我们头上，鬼神是难以欺骗的，我们的过错即使发生在极为隐蔽的地方，而天地鬼神，其实也在监视着我们，严重的就会降下各种各样的灾难，轻微的也会减损我们现有的福祉，我们怎么可以不敬畏神灵呢？

不仅如此，即使我们在私室独居，神灵也会像观察自己的手指一样将我们的言行看得清清楚楚；即使我们掩盖得够严密，文饰得够巧妙，但是我们的真实用心早已暴露在外，最终既难以自欺，也会被人看穿，那时我们就一文不值了，怎么能不战战兢兢地敬畏神灵呢？

还不仅仅如上所说。只要我们还有一口气，那么即便是犯下了弥天大罪，还是有悔改的机会；古时候有的人一生作恶多端，临死之前幡然悔悟，内心产生善念，于是就得到了善终。这就是说只要一瞬间有了强烈的悔改之心和行善念头，完全能够洗刷干净上百年来所犯下的罪恶。这就好比持续千年的幽暗洞穴，一盏灯刚刚点亮，那么持续千年的黑暗一下子就全部消除了；因此过错无论是发生在很久以前还是最近，只要能够改正就值得赞扬。

只是世事无常，生命易逝，一旦一口气上不来，想改正也没有机会了。那么在人世间，就会持续千年百年地背负着恶名，即便是孝子贤孙，也无法为我们洗刷干净；在阴间，就会持续千年百劫地受到沉陷于地狱的报应，即便是圣贤、佛祖、菩萨，也无法救助你。怎么能不敬畏神灵呢？

第三，要有勇敢之心。

一个人之所以不愿改正错误，原因大多是因循旧习而畏难退缩；因此我们必须发奋振作起来，不能迟疑，不要等待。犯了小的错误，就好像芒刺扎进肉里，要迅速拔掉；犯了大的错误，就好像被毒蛇咬了手指，要迅速砍掉这根手指，不可有丝毫迟疑。这就是《周易·益卦》说的改正错误是有益处的。

具备了羞耻心、敬畏心、勇敢心这三种心，那么有了过错就能立刻改正，这就好像春天的冰块遇到阳光一样，为什么担心它不会消融呢？

然而对于自己的错误，有的人从事情本身去改正，有的人从道理上去改正，有的人从心性上去改正。用来改正的功夫不同，其效果也不相同。

比如前一天杀生，今天不再杀生了；前一天发怒骂人，今天不再发怒骂人了：这种情况就是从事情本身上去改正。从外面强制自己去改正错误，就有百倍的难度，而且病根始终存在，改正了这个错误，那个错误又出现了，这不是彻底根除错误的办法。

善于改正错误的人，在强制自己不做某件错事之前，一定会想明白其中的道理。

比如在犯杀生过错之前，就应该这样想：天帝爱护生灵，任何生灵也都会留恋自己的生命，杀死它们来供养自己，我们怎么能安心呢？况且在杀死这些生灵的时候，它们既要受到利刀宰割，还会被放入大锅烹煮，种种痛苦，深入骨髓。

我们在选择养活自己的食物时，即便是面前摆满珍贵的美味佳肴，吃过之后也就一无所有了；粗茶淡饭、野菜羹汤，完全可以填饱肚子，那又何必去伤害生灵的生命、减损我们自己的福报呢？

再想想那些有血有肉的生灵，它们都有灵性与知觉，既然有灵性与知觉，都应该属于我们的同类，我们纵然不能把自身的品德修养到至善至美，使它们尊重、亲近我们，又怎能天天去伤害它们的生命，使它们永远地仇视、痛恨我们呢？

一旦想到这些，我们将会面对着肉食而深感难过，难以下咽了。

比如以前喜欢生气，那就一定要这样想：别人行为不当，我们更应该对他产生同情之心；别人违背常理来冒犯自己，这和我又有多大关系呢？本来就没有值得生气的地方。

还要想到天下没有自以为是的豪杰，也不存在总是责备别人的学问；自己的行为没有得到别人的认可，都是因为自己的品德还没有修养好，感化别人的魅力还不够。我们要进行彻底地自我反省，即便是别人诽谤我们，我们也要视之为磨炼我们、帮助我们成功的好机会；我们要高高兴兴地接受这些恩赐，又有什么值得生气的呢？

另外，听到别人的诽谤不要生气，即便是这些谣言就像是熏天的火焰，那也不过就像是点火燃烧天空一样，最终将会自己熄灭；如果听到别人的诽谤而生气，那么即便是用尽心中智慧去努力辩解，结果就像是春天的蚕那样作茧自缚，自取烦恼、自我纠缠。生气不仅毫无益处，而且还有许多害处。

　　至于其他各种各样的过错，都应该依据道理去思考清楚。道理想明白了，各种各样的过错将会自然而然地消失。

　　什么叫从心性上改正呢？

　　错误有成千上万种，但都是产生于内心；如果我们心里没有产生错误的念头，错误的行为又如何能够发生呢？修学的人对于好色、好名、好财、好怒等各种各样的错误，不必一件一件地去寻求改正的方法，只要一心一意地去做善事，正确的思想就会出现在眼前，各种邪念自然也就无法污染内心。这就好比太阳一旦升上天空，各种妖魔鬼怪就会悄然消失一样，这就是"做人要精诚专一"的真传啊。错误是由内心造成的，也要从内心去改正，就好比想要斩断毒树，只需直接砍断它的根即可，又何必一根树枝一根树枝地去砍伐、一片叶子一片叶子地去摘除呢？

　　一般来说，最好的方法就是修养心性，这样就能够很快进入清净的境界；邪念刚刚萌动就会察觉，一旦察觉就会马上消除这些邪念；如果做不到这一点，就要靠想清楚道理后再去消除这些邪念；如果这一点也无法做到，就必须根据具体错误去纠正它。

在采用最好的修心方法的同时，再加上做一些纠正具体错误的下等功夫，这不算是失策；如果只做一些下等功夫而不明白最好的方法，那就是愚昧无知了。

不过要想立志改正错误，在明处还需要良朋好友的督促提醒，在暗处还需要鬼神的批评指导。一心一意地忏悔改过，无论白天夜晚一刻也不能懈怠，经过一个七天、两个七天，以至于一个月、两个月、三个月，一定会有效果。

有时候会感到心旷神怡；有时候会感到智慧陡增；有时候身处繁杂事务当中，忽然灵机一动而一通百通；有时候遇到仇人会转怒为喜；有时候会梦见口吐黑色秽物；有时候会梦见从前的圣贤，对自己进行牵扶、接待；有时候会梦见在天上翱翔；有时候会梦见各种旌旗、宝盖。

这些各种各样的喜庆的梦境，都是我们的罪过消除的征兆。然而并不能据此自傲，更不能故步自封不再进步。

　　从前，蘧伯玉在二十岁的时候，就已经察觉到以前的错误而予以彻底改正。到了二十一岁时，这才知道之前所改正的错误，还不够彻底；到了二十二岁时，再回顾二十一岁时的生活，就觉得那时好像是生活在梦中一样糊涂。如此年复一年，一步一步地改正自己的错误。到了他将近五十岁时，依然在反省过去四十九年中所犯的过错。古人就是这样不断地修学改过的。

　　我们这些人都是凡夫俗子，所犯的过错就像刺猬的硬刺一样极为繁多，然而我们在回顾往事的时候，又往往似乎看不到自己的过错，其原因就是我们太粗心大意了，双眼被蒙蔽了。

　　然而那些罪恶深重的人，也有效验：他们有时候心神昏聩闭塞，转眼就忘了事；有时候没事也会经常烦恼；有时候看见君子就会羞愧满面、消沉沮丧；有时候一听到正确言论就不高兴；有时候施惠于别人反而遭到别人的怨恨；有时候晚上会梦见一些颠三倒四的事情，严重时还会胡言乱语、神志不清。这些都是作恶多端的表现啊。

　　一旦发现自己有类似状况，必须立即发愤图强，改正过去的错误行为，争取重新做人，希望大家千万不要耽误了自己的前程。

积善之方

《周易》说："不断积累善行的人家，一定会获取很多的福祉。"

从前颜家将要把女儿嫁给叔梁纥的时候，就一条一条地列举了叔梁纥家祖祖辈辈积累下来的德行，预知他们的子孙中一定能够出现非凡的人物。

孔子称赞舜是一位大孝之人，说："他在宗庙里享受着人们的祭祀，子孙也会世世代代地保护、祭祀他。"

这些都是至理名言啊。我下面就试着用一些往事来证明这一点。

有一位官至少师的人叫杨荣，他是建宁人，他的先祖世世代代以摆渡为生。有一次因为长期下雨，河水猛涨，洪水冲毁了民房，淹死的人顺着水流被冲了下去，其他船上的人都忙着捞取货物，唯有杨荣的曾祖与祖父，只管救人，却对货物一无所取，同乡人都嘲笑他们傻。

到了杨荣的父亲出生以后，杨家渐渐富裕起来。有一位神人化身为道士，对他说："你的祖父和父亲积累了阴德，所以子孙中将来能够出现显贵之人，应该把你的祖父和父亲安葬在某某地方。"于是杨家就依照道士所指的地方安葬了祖父和父亲，也就是今天人们所说的白兔坟。

后来生下了杨荣，杨荣二十岁左右考中进士，位至三公，朝廷按照杨荣的官阶，为他的曾祖父、祖父和父亲追赠了官爵。杨家的子孙都很兴旺显贵，至今还有许多德才兼备的人。

鄞县人杨自惩，最初在县衙里做县吏，他心地善良仁厚，遵纪守法公平无私。当时的县令十分严厉，一次鞭打一名囚犯，囚犯已经被打得满身是血，县令的怒气却依然难以消除，杨自惩就跪在县令面前为囚犯求情。

县令说："这个囚犯如此触犯法律、违背天理，不能不让人生气。"

杨自惩叩头说："（曾子说：）'执政者没有按照正确的原则治理国家，百姓很早就离心离德了。如果查清楚了犯罪者的真实案情，要怜悯他们而不可为此沾沾自喜。'高兴尚且不可以，更何况发怒呢？"

县令听后，表情马上缓和下来了。

杨自惩家里非常贫困，但别人馈赠的礼物一概不予接受。遇到囚犯缺粮时，他经常想方设法予以救助。

有一天，有几名新来的囚犯没有饭吃，杨自惩自己家里也缺粮食，如果把家里仅有的一点粮食给了囚犯，自己家人就没有饭吃，如果只管自家而这几名囚犯又确实可怜。杨自惩就和妻子商量此事。

妻子问："这些囚犯是从哪里来的？"

杨自惩回答说："是从杭州来的。他们一路上忍饥挨饿，已经是面黄肌瘦了。"

于是他们就拿出自己家里的米，煮了些稀饭给囚犯吃。

后来杨自惩生了两个儿子，长子叫杨守陈，次子叫杨守阯，分别担任南京吏部和北京吏部的侍郎。长孙则当了刑部侍郎，次孙当了四川的廉宪，都是一代名臣。如今自号楚亭的杨德政，也是他的后裔。

从前正统年间，邓茂七在福建带头起兵造反，读书人和普通百姓参加叛乱的人很多。朝廷起用鄞县人张楷都宪率兵去南方福建平叛，张楷使用计谋擒杀了叛贼邓茂七。

后来又委派布政司的谢都事去搜捕、斩杀东边的贼党。谢都事在叛贼那里搜查到了参与叛乱人的名册，凡是没有参与叛乱的人，他都秘密授予一面白布小旗，约定在明军到达的那一天，把这面小白旗插在门上，然后命令明军士兵不许滥杀无辜，这一措施拯救了成千上万人的性命。

后来谢都事的儿子谢迁考中了状元，成为辅佐皇帝的重臣；谢都事的孙子叫谢丕，后来也考中了探花。

莆田的林家，先辈中有位老太太乐善好施，经常制作粉团施舍给别人，只要人们去要，她就会给，丝毫没有厌倦的样子。

有位神仙化身为道士，每天早上向她索要六七个粉团吃。老太太天天都给，整整三年如一日，这位神仙终于知道她的行善是出于诚心。

于是神仙就对老太太说："我吃了你三年的粉团，用什么来报答你呢？你们家后面有一块地方，你去世后安葬在那里，子孙后代当官的人，会有一升芝麻粒的数量那么多。"

她儿子就按照神仙的指点把去世后的老太太安葬在那里。林家的第一代后人就有九位考中科举，后来世世代代做大官的人非常多。福建因此有句"如果没有林家的人就无法开榜"的民谣。

冯琢庵太史的父亲，是本县的一名秀才，有个严冬的早晨，他很早就起来到学校去，路上遇到一个人，倒卧在雪地里，他用手摸摸这个人，已经冻得快死了，于是他就解开自己以丝绸为面套的皮衣，给这个人穿上，并把这个人搀扶回去救醒。

晚上他梦见一位神人告诉他说："你救了别人一命，而且是出于行善的至诚之心，我就让韩琦托生为你的儿子吧。"因此等到他生了琢庵后，就为琢庵起名叫冯琦。

台州的应尚书，壮年时一个人在山中读书。到了夜晚，鬼魂们便聚集在一起大声呼啸，常常使人惊恐不安，应尚书却一点也不害怕。

有一天晚上，他听到一个鬼魂说："某某妇人因为丈夫长期在外没有回来，公公婆婆逼她改嫁。明天夜里她将要在这里上吊自杀，我终于找到一个替死鬼了。"

应尚书听到后便悄悄地卖了一些田地，得到四两银子，随即伪造了那个丈夫的家信，随信还寄了银两回来。

这个丈夫的父母看见家信，感到笔迹不像是儿子的，有些怀疑。但随即又想："家信可以是假的，但银两不会是假的，想必儿子还安然无恙。"于是就不再逼迫儿媳改嫁。

他们的儿子后来回家了，夫妇俩像过去一样相亲相爱地生活在一起。

应尚书又听到那个鬼魂说："我本来找到替死鬼可以去托生为人了，没想到这个秀才坏了我的好事。"

旁边另一个鬼魂就问："你为什么不去祸害他呢？"

那个鬼魂回答说："天帝认为这个秀才心地善良，因为他有阴德而任命他将来当尚书。我怎么能祸害他呢？"

应尚书因此就更加努力地学习，也一天天更加努力地做善事，品德也一天天地更加仁厚。

一旦遇到饥荒年，他就捐出粮食以救济灾民；遇到亲戚有了危急之事，他就想方设法前去救助；遇到强暴无理的人，他就反过来责备自己做得不够好，和颜悦色地接受对方的要求。

他的子孙中考中了科举的人，如今已经很多很多了。

常熟人徐栻，自号凤竹，他父亲一直都很富有。偶尔遇到灾荒年，他父亲就会首先免除佃户的田租，为同乡的富人做出表率，接着又拿出粮食去救济那些贫困的人。

一天晚上，听到鬼魂在门口唱道："肯定不骗人，肯定不骗人，徐家的秀才，就要考中举人！"连续不断地呼喊着，接连几个夜晚都是如此。

这一年，凤竹果真在乡试时考中了举人。

他父亲因此更加努力地积累善行，孜孜不倦，修桥修路，用斋饭供养僧人，接济大众。凡是有利于他人的事情，无不尽心尽力。

后来又听到鬼魂在门口唱道："肯定不说谎，肯定不说谎，徐家的举人，一直做到都堂！"徐凤竹最后当了两浙巡抚。

嘉兴人屠勋先生，去世后谥号为康僖，他最初任刑部主事时，就住在监狱里，仔细地询问各个囚犯的情况，发现其中有一些囚犯是被冤枉的无辜者。

屠勋先生没有把这一发现当作自己的功劳，而是悄悄地把这些囚犯的冤情记录下来，然后汇报给刑部尚书。

后来在朝审的时候，刑部尚书就根据屠勋先生的记录，去审讯这些囚犯，参加朝审的官员听后无不心服口服，于是就释放了十多位被冤枉的囚犯，当时京城的人们都颂扬刑部尚书的英明。

屠勋先生又向刑部尚书禀报说："在京城，尚且有这么多被冤枉的人；天下如此之大，百姓如此之多，难道会没有被冤枉的人吗？朝廷应该每五年派遣一批减刑官，到各地去核实那些有冤情的人并为他们平反。"

刑部尚书为此上奏皇上，这一建议得到皇上批准。当时屠勋先生也在被派出的减刑官当中。

一天晚上他梦见一位神人告诉他说："你命中本来没有儿子，如今你提出的这个减刑建议，与上天爱护生命之心深深契合，所以天帝赐给你三个儿子，这三个儿子将来都会身穿紫衣、腰佩金鱼当大官。"

当天晚上屠勋先生的夫人就怀孕了，后来生下了屠应埙、屠应坤、屠应埈三个儿子，他们都当了高官。

嘉兴人包凭先生，字信之，他父亲曾任池阳太守，生了七个儿子，包凭的年龄最小，后来入赘到了平湖袁家，他和我父亲交往非常密切。

包凭先生学问渊博，才华很高，然而多次参加科举考试都没有成功，于是就开始关注佛教、道教的学说。

有一天，他到东边的泖湖游历，偶然来到一个村庄的寺庙里，看到庙里的观世音像就站在露天，被雨淋得湿漉漉的，他当即从口袋里拿出十两银子，交给庙里主事的僧人，让他把庙宇修葺一下。

主事僧人告诉他说，修葺工程太大而银两太少，无法完成修葺任务。于是包凭又拿出四匹松布，还在箱子里找出七件衣服，一并送给主事僧人。其中有一件用苎麻纤维做成的夹衣，是刚刚做成的新衣，他的仆人请求不要把这件衣服送给僧人了，包凭先生说："只要观世音圣像能够安然无恙，我即使赤身露体又有什么关系呢？"

主事僧人感动得流着眼泪说："施舍银两、衣服和布匹，还算不上什么难事；只是这一片诚心，如何能够轻易获得啊！"

后来修葺庙宇的工程完毕之后，包凭先生就拉着我父亲一同前去游玩，晚上就住在寺庙里。包凭先生晚上梦见伽蓝前来致谢说："你的子孙将会世世代代享受朝廷的俸禄。"

后来包凭先生的儿子包汴，孙子包柽芳，都考中了进士，当了高官。

嘉善人支立的父亲，当过刑房吏。

有一名囚犯没有犯罪却被判了重刑，支立的父亲很同情他，想为他找一条生路。

　　这个囚犯就对自己的妻子说："支立先生有救我的好心，我很惭愧，因为我没有办法报答他。明天你把他邀请到咱们乡下家里，以身相许，他也许肯尽心尽力地营救我，那么我就可以活下来了。"妻子哭着答应了丈夫的要求。

　　第二天支立的父亲到了以后，囚犯的妻子亲自出面劝酒，并把丈夫的意思详细地告诉了他，支立的父亲没有同意。

　　最终，支立的父亲尽心尽力地为这名囚犯平了反。这名囚犯出狱之后，夫妻两人一起登门拜谢说："您对我们的大恩大德，近世很少见到。如今您没有儿子，我们有一个女儿，愿意送给您做打扫卫生的小妾，这在礼法上也是说得通的。"

　　支立的父亲就以完备的礼仪迎娶了这位蒙冤者的女儿，后来生下了支立，支立二十岁左右时考中了第一名，担任翰林院孔目一职。支立生支高，支高生支禄，他们都以贡生的身份担任了学博。支禄生支大纶，支大纶考中了进士。

　　以上这十件事，虽说他们所做的具体事情不同，但都可以归于善行。

如果再仔细地加以分析讨论，那么就有真善，有假善；

有真正的善，有偏邪的善；

有无人知道的善，有别人知道的善；

有正确的善，有不正确的善；

有不恰当的善，有恰当的善；

有不圆满的善，有圆满的善；

有大善，有小善；

有难以做到的善，有容易做到的善。

这些都应该做深入的辨析。做好事而不彻底明白做好事的道理，那么就会自以为是在做好事，哪里知道自己其实是在做恶事，白费了一片苦心，却没有丝毫益处。

什么叫真善、假善呢？

从前有几位儒生，去拜谒中峰和尚，他们质疑说："佛教认为善恶都有报应，就像影子紧随着形体一样确切无误。如今某某人非常善良，子孙却不兴旺；某某人十分凶恶，家门却异常兴盛。佛教的善恶报应之说是没有根据的。"

中峰和尚说："世俗的情欲没有清洗干净，正确的认识能力还没有开启，于是就会把善行认作恶行，而把恶行当作善行，这是常有的事情。不对自己是非颠倒的认识能力深感遗憾，反而还要去抱怨上天的报应出了差错吗？"

几位儒生请教说："人们为什么会把善恶标准给弄反了呢？"

中峰和尚让他们试着谈谈关于善与恶的表现。

一位儒生说："咒骂别人、殴打别人是恶，尊敬别人、以礼待人是善。"

中峰和尚说："未必是这样吧。"

另一位儒生说："贪取钱财、获取非分之物是恶，清正廉洁、遵守正道是善。"

中峰和尚说："也未必是这样吧。"

几位儒生一条一条地讲了各种善与恶的表现，中峰和尚都说"未必是这样"。于是几位儒生请求中峰和尚解惑。

中峰和尚告诉他们说："有益于别人的行为，是善行；有利于自己的行为，是恶行。

"只要是有益于别人的，即使殴打别人、咒骂别人，也都是善行；如果只是为了有利于自己的，那么即使尊敬别人、以礼待人，也都是恶行。

"因此人们做了善事，如果这个善事有益于别人，那就是大公无私，大公无私的善事就是真善；如果这个善事只是有利于自己，那就是为了私利，为了私利的善事就是假善。

　　"另外，发自内心地去做好事，就是真善；仅仅在表面上效仿前人的善行去做好事，就是假善。

　　"还有，不带个人功利目的去做好事，就是真善；带着个人功利目的去做好事，就是假善。

　　"这些道理都需要去认真地分辨、甄别。"

　　什么叫真正的善与偏邪的善呢？

　　如今人们看到那些谨慎小心的好好先生，大致上就会称他们为善人而接受他们；圣人却宁肯举用那些积极进取而又自命不凡的人和洁身自好而又较为保守的人。

　　至于那些谨慎小心的好好先生，即使一乡人都喜欢他们，他们也肯定会成为美德的败坏者。

　　这就说明世人的善恶标准，分明与圣人的善恶标准刚好相反。

　　从这一件事情推理开去，世人的各种取舍标准，没有不是错误的。

　　天地鬼神赐福祉于善人，降灾祸于坏人，他们的是非观与圣人是一样的，而与世俗人的取舍标准却不相同。

　　大凡要想积累善行的人，绝对不能够依据世俗人的耳目爱好去做事，只能从内心这个无人看到的根源处着手，默默地努力把内心打扫干净。

　　纯粹是一颗济世救人之心，就是真正的善；如果有一丝一毫的讨好世俗之心，就是曲邪的善。

　　纯粹是出于爱人之心，就是真正的善；如果有一丝一毫的怨恨世人之心，就是曲邪的善。

　　纯粹是敬人之心，就是真正的善；如果有一丝一毫的玩世不恭之心，就是曲邪的善。

　　这些都应该仔细分辨清楚。

　　什么叫阴德与阳善呢？

　　凡是被人知道的善行，就叫阳善；凡是不被人知道的善行，就叫阴德。

　　有阴德的人，上天会给他以福报；有阳善的人，将会在社会上享有美好的名声。

　　美好的名声，也是一种福报啊。然而如果名声太盛，这是造物主所讨厌的。社会上那些享有盛名而实际上德才难以与之相配的人，往往会遇到许多意想不到的灾祸；没有任何过错却被蒙上预料之外的恶名的人，他们的子孙往往会突然间飞黄腾达。

　　阴德与阳善之间的关联是非常微妙的。

什么叫正确的善行与错误的善行呢？

鲁国的法令规定，鲁国人如果能够到其他诸侯国去把沦为男女奴隶的鲁国人救赎回来，都可以得到官府的赏金。

子贡救赎了一些鲁国人却没有接受赏金。

孔子听到这件事以后批评说："子贡的做法是错误的。圣人所做的事情，一定是可以用来移风易俗的，他们的教育内容可以推行到普通百姓身上，不能仅仅适合于自己的行为。如今鲁国富人很少而穷人很多，子贡的做法反衬出别人接受赏金就是不够廉洁，那么人们凭什么还去救赎那些沦为别国奴隶的鲁国人呢？从今以后，人们就不会再从别的诸侯国去赎人了。"

子路营救了一个溺水的人，那个人就送给子路一头牛表示感谢，子路接受了这头牛。

孔子高兴地说："从今以后鲁国就会有很多人去营救溺水的人了。"

从世俗人的眼光来看，子贡不接受赏金的行为是高尚的，子路接受牛的行为是低劣的，然而孔子却赞成子路的行为而批评子贡的行为。

从这里就可以知道，在评价人们的善行时，不要只看当下的效果，而要考虑是否会为后世带来不良的效应；不要只看一时的情况，而要看长期的影响；不要只看某个人的道德水平，而要看整个天下民众的道德水平。

现在的行为虽然出于善心，未来造成的影响却足以害人，那么这样的善行看似善良而实际上却是错误的；现在的一些行为虽然看似不够善良，未来造成的影响却可以救助别人，那么这种不善良的行为却是一种正确的行为。

我们不过是就孔子师生这一件事而言，其他许多事情，比如看似非正义而实际属于正义的事情，看似不合礼制而实际符合礼制的行为，看似不诚实而实际属于诚实的言行，看似不仁慈而实际属于仁慈的做法，这些都需要我们认真甄别、选择。

什么叫偏颇的善与恰当的善呢？

从前文懿公吕原刚刚辞去相位，回到故乡，全国民众敬仰他，就如同敬仰泰山、北斗一样。

有一个同乡人酒醉后辱骂吕原先生，吕原先生没有生气，对仆人说："他是喝醉酒的人，不要和他计较。"于是就关上门躲开他。

过了一年，那个同乡人犯了死罪被关入大牢。

吕原先生这才开始后悔，说："如果当时和他稍微计较一下，把他送到官府责罚一番，可以通过小的责罚给他一个极大的提醒。我当时只想要心存仁厚，没想到竟然助长了他的恶习，以至于落到如今这个地步。"

这就是出于善心而做了一件坏事。

还有出于恶意而做了善事的人。

比如某家非常富有，有一年遇到灾荒，穷人们大白天就在市场上公开抢劫粮食。富人把此事告到县衙，而县衙不予受理，那些穷人就更加肆无忌惮，于是这位富人就动用私人力量把那些人抓起来进行惩戒，人们这才安定下来。如果不是这位富人的干涉，几乎酿成大乱。

善良的行为被称为恰当的行为，罪恶的行为被称为不恰当的行为，这个道理人人都知道。

那些出于善心却做出的恶事，可以说是看似恰当的善意中的不恰当行为；那些出于恶意却做出的善事，可以说是看似不恰当的恶意中的恰当行为，这些情况不可以不明白啊。

什么叫半满的善与圆满的善呢？

《周易》说："如果不能不断地积累善行，就无法成就美名；如果不去不断地积累恶行，就不会引来杀身之祸。"

《尚书》也说："商纣王恶贯满盈。"

这就好比往容器里面装东西，只要勤奋地不断积累，总会有装满的一天；如果懈怠懒惰而不去积累，那么就永远也装不满。

这是对半满之善与圆满之善的一种解释。

从前，有某个人家的女儿进入寺庙，想要施舍却没有钱财，手里只有两枚铜钱，于是她就把这两枚铜钱捐给了寺庙，寺庙住持于是亲自为她举办了忏悔仪式。

到了后来，该女子进入皇宫，大富大贵，她再次携带几千两银子到寺庙施舍，寺庙住持却仅仅让徒弟为她举行了一场回向仪式而已。

于是该女子就问住持："我以前才施舍了两枚铜钱，您就亲自为我主持忏悔仪式；如今我施舍了几千两银子，而您却不为我主持回向仪式，这是为什么呢？"

住持回答说："上一次您的施舍虽然很少，但您的施舍之心却非常虔诚，如果我这个老和尚不亲自为您主持忏悔仪式，就不足以报答您的恩德；如今您施舍的银两虽然很多，您的施舍之心却不如上次诚恳，所以让别人替我主持忏悔仪式就足够了。"

这就是说，如果诚意不够，即使施舍几千两银子也只能算是半满之善，诚意足够的话即使只施舍两枚铜钱也是圆满之善。

钟离权传授炼丹术给吕洞宾，能够把铁转化为黄金，可以用这些黄金来救助世人。

吕洞宾问："由铁转化成的黄金还会变化吗？"

钟离权回答："五百年以后，这种黄金还会恢复为铁。"

吕洞宾说："那样的话，就害了五百年以后持有这种黄金的人，我不愿做这种事情。"

钟离权说："修道成仙，必须要积累三千件功德，你这一句话，三千件功德就已经修满了。"

这是对半满之善与圆满之善的另一种解释。

还有，做了善事不要认为自己做了善事，要顺应着遇到的情况成就自己的善行，这样就能够做到圆满的善。

如果心里总认为自己是在做善事，那么即使终身勤勉努力，也只能算是不够圆满的善而已。

比如拿钱财去救助别人，对内要感觉不到自己
是在施钱财于别人，对外也没有感觉到别人是在接
受自己的钱财，其中也感觉不到所施与别人的钱财，
这就叫"三轮体空"，这也叫"一心清净"，如此则
一斗粮食就可以为自己带来无限的福报，一枚铜钱
就可以消除千万劫以来所犯下的罪孽。

如果念念不忘施与别人的恩惠，那么即使施舍
了万镒黄金，依然得不到圆满的福报。

这是对半满之善与圆满之善的又一种解释。

什么叫大善与小善呢？

从前卫仲达担任馆职的时候，他的灵魂被押解
到阴间的官府，主审官员命令手下官吏把记录卫仲
达善恶的簿册呈献上来。

等到簿册拿来时，记录恶行的簿册堆满了庭院，
记录善行的却只有一卷纸，而且这卷纸细得就像一
根筷子一样。找秤来称了一下各自的重量，结果满
庭院的簿册反而轻一些，而如同筷子粗细的那卷纸
却重一些。

卫仲达奇怪地问道："我还不到四十岁，怎么会
犯下这么多的过失与罪恶呢？"

主审官员回答说："一个念头不好就是罪恶，不

必等到付诸行动了才算是罪恶。"

接着卫仲达询问这卷纸里记录的是什么事情，主审官员回答："朝廷曾经要大兴土木工程，想修建三山石桥，您上奏章给皇上劝阻这件事情，这卷纸就是奏章的稿本。"

卫仲达说："我虽然劝阻了，但朝廷并没有听从我的劝阻，我对此事没有起到任何作用，怎么能有这么大的功德呢？"

主审官员回答："朝廷虽然没有听从您的劝阻，但您的这一念头，已经是在为万民着想了；如果那时朝廷听从了您的劝阻，行善的功德就更大了。"

因此只要自己的志向是在为天下、国家着想，那么即使很少的善行，也会是很大的功德；如果只是为自己着想，那么即使有很多的善行，也只有很小的功德。

什么叫很难做到的善和容易做到的善呢？

从前的儒家圣贤就说过，克制欲望要从最难克制的地方做起。孔子在讨论仁德的时候，也说要从最难处着手。

一定要像江西的舒老先生那样，拿出两年所得的教书报酬，代别人缴了官税，保全了一对夫妻不被拆散；也要像邯郸的张老先生那样，拿出十年所积累的钱财，代别人缴了赎银，拯救了别人的妻子儿女。这些就是我们所说的能够割舍掉那些难以割舍的东西。

还比如镇江的靳老先生，他虽然年老无子，但也不忍心娶幼女为妾，而是把幼女送还给邻家。这就是能够忍受那些难以忍受的事情。

因此上天为他们降下的福祉也就非常深厚。

凡是有钱有势的人，他们要想行善立德都很容易，很容易的事情却不去做，那就是自暴自弃了。贫贱之人要想行善修福就很难了，能够去做很难做的事情，那就更加难能可贵了。

顺应机缘去救助大众，救助的方式方法非常繁多，这里简单地谈谈主要内容，大约有十类：

第一，帮助别人行善；

第二，对人要心存爱敬；

第三，帮助成全别人的好事；

第四，劝人行善；

第五，救人于危难之中；

第六，做有利于民众的大事；

第七，拿出钱财去行善修福；

第八，爱护、持守包括佛法在内的所有正确原则；

第九，敬重尊者与长者；

第十，爱惜万物的生命。

什么叫帮助别人行善呢？

从前舜在雷泽的时候，看到那里的渔民都去抢占水深鱼多的地方打鱼，而年老体弱的渔民就只能在水流湍急和水浅的地方打鱼，舜非常同情他们，于是也到那里去打鱼。他看到那些争抢有利位置的人，便替他们掩饰错误而从不谈起；看到那些能够让出有利位置的人，就赞扬、效法他们。一年之后，渔民们都把水深鱼多的地方谦让给别人。

凭借着舜的聪明才智，难道他就不能说句话去教导这些渔民吗？他没有使用语言教育，而是用以身作则的方式去改变人们的思想行为，这就是舜的良苦用心啊！

我们生活在世风日下的当今社会里，不可用自己的长处去压制别人，也不可拿自己的善良去反衬别人的过错，更不要用自己的才智去为难别人。

收敛才智，就好像自己一无所有，看到别人的过失，一定要包容并且替他们遮掩，这样做一是为了让他们有个改正的机会，二是为了让他们有所顾忌而不敢放纵自我。

看到别人有一点点长处可取、一点点小善值得学习，那就要改变、舍弃自己的想法而听从他们的意见，并且还要对他们大加赞扬、广为宣传。

凡是在日常生活中，讲一句话，做一件事，都不为自己着想，而是要为人们树立典范，这就是那些伟人能够做到天下为公的气度啊。

什么叫对人要心存爱敬呢？

君子和小人，如果从他们的表面言行来看，常常容易相互混淆，如果从他们的一点用心处去观察，那么他们的善恶差别就极大了，这种差别清楚明白得就如同黑色和白色那样截然相反。

所以说："君子之所以与众人不同，就在于他们的用心不同。"

君子所用之心，只是爱人、敬人之心。

人有亲近、疏远、高贵、低贱之分，还有聪明、愚笨、贤良、不肖之别，虽然各种各样皆不相同，但都是我们的同胞，都是我们的同类，哪一个人不值得我们去尊敬、爱护他呢？

爱护、尊敬众人，就是爱护、尊敬圣贤；能够明白众人的意愿，也就是明白了圣贤的意愿。

为什么这样说呢？因为圣贤的意愿，本来就是想让这个社会里的所有人，都各得其所。我们去爱护、尊敬所有的人，使整个社会的人都能够过上安定祥和的日子，这就是替圣贤让他们过上了安定祥和的日子。

什么叫帮助成全别人的好事呢？

当美玉藏在石头里的时候，这块石头被人们踢来扔去，就像破瓦碎石一样；如果加以雕琢，就会变成贵重的玉器圭璋。

因此当我们看到有人做了一件善事，或者此人的志向有可取之处，资质具有发展潜力，那么就需要诱导帮助而使他有所成就。

或者对他进行奖励、赞美，或者对他进行保护，或者为他辩解所受的诬陷，为他分担所受的批评，务必使他有所成就才罢手。

大致上人们都讨厌和自己不同的人。乡里人善良的少，不善良的人多。善良的人生活在世俗社会里　也很难立足。再加上那些豪杰本来就刚正不阿，不太注意一些表面细节，因此容易受到世人的指责。故而做善事常常容易失败，善良的人也常常会受到批评。

只有那些仁人、长者，才能够纠正人们的言行并帮助他们成功，这种功德是最大的功德。

什么叫劝人行善呢？

我们生而为人，哪一个没有天生的善良之心呢？然而人们在世间为了生活而四处奔波，最容易沉溺于名利的泥淖之中而失去良心。大凡与人交往时，应当随机行事、予以提醒，解除他们的迷惑。

这就好比面对那些沉睡于漫漫长夜的梦中之人，要让他们觉醒过来；还好比面对长期陷入烦恼之中的人，要清除他们的烦恼使之进入清净舒适的境界。这些做法的恩惠最为广博。

韩愈曾经说过："用嘴巴去劝导别人，作用只在一时；用写书的方式去劝导别人，可以影响百世。"

用语言劝人这种做法与舜帮助别人做好事相比，虽说行迹有些外露，然而却能够对症下药，时时会产生奇效，这种语言劝人的方法不可废除啊。

如果出现对不该规劝的人进行规劝而对应该规劝的人却没有规劝的情况，那就应该反省一下自己的智力是否有问题。

什么叫救人于危难之中呢？

遭遇灾难、颠沛流离，这是人们常常会遇到的事情。偶然遇到有人处于困境之中，就好像自身患上病痛一样，要尽快去解救他。或者用语言去为他申诉冤情，或者用各种方法去解救他的困苦。

崔先生说："恩惠不在于大小，只要能够解救别人的危难就行。"这是仁人的言论啊！

什么叫去做有利于民众的大事呢？

小到一乡之内，大至一县之中，凡是有利于民众的事情，就最应该去做。

或者是挖渠引水，或者是修筑堤坝防备水患；或者是修建桥梁，方便行人；或者是施舍茶饭，救助饥渴之人。

要顺应着不同情况去劝导民众，要求大家齐心协力地去做有益的事情，既不用躲避什么嫌疑，也不要害怕劳累与人们的抱怨。

什么叫拿出钱财去行善修福呢？

佛教提出了各种各样的善行，其中以布施最为重要。所谓的布施，只是"舍"这么一个字而已。

智慧通达的人对内能够施舍眼、耳、鼻、舌、身、意这"六根"，对外能够施舍色、声、香、味、触、法这"六尘",自己拥有的一切,没有不能施舍的。

如果做不到这些,那就先从钱财上开始施舍。世人依靠衣食维持生命,因此钱财最为重要。而我们就从这里开始施舍,这样做对内可以破除我们的吝啬之心,对外可以救助别人的危难。开始这样做的时候可能会有些勉强,最终就会变得自然而然,施舍钱财最有助于清扫我们的自私之情,也最有助于除掉我们的执著、贪婪之心。

什么叫爱护、持守包括佛法在内的所有正确原则呢?

正确的原则,是千万年以来人们的眼睛。如果没有正确的原则,怎么能够去参与并协助天地养育万物呢?怎么能够去剪裁、成就万物呢?怎么能够脱离尘世的束缚呢?怎么能够治理国家或者走出尘世呢?

因此凡是看到庙堂里的圣贤形象、经书与典籍,都应该予以敬重并加以修缮整理。至于弘扬正确的原则,上报佛祖的恩德这些事情,我们尤其应该努力去做。

什么叫敬重尊者与长者呢?

家里的父亲与兄长，国家的君主与官员，以及所有年龄大、品德好、职位高、见识广的人，我们都应该对他们用心侍奉。

在家里侍奉父母时，要深深地热爱他们，在他们面前和颜悦色，说话柔和，态度恭顺，还要把这些行为养成习惯进而化为本性，这就是和气能够感通上天的根本原因所在。

出仕之后事奉君主时，每做一件事情，都不要认为君主不知道而恣意妄为；每惩罚一个人，都不要认为君主不知道就去擅耍威权。事奉君主就如同事奉上天一样。

这些就是古人的至理名言，孝敬父母、忠于君主这些事情与阴德的关系最为密切。试看那些忠孝之家，他们的子孙没有不连绵不绝而繁荣昌盛的，所以一定要谨慎小心地去做好这些事情。

什么叫爱惜万物的生命呢？

大凡人之所以能够称之为人的原因，就在于人还有一颗同情之心而已；求取仁爱的人就是求取这颗同情之心，积累美德的人就是积累这颗同情之心。《周礼》说："初春季节，不要用雌性的鸟兽做祭品。"孟子也说："君子应该远离厨房。"这都是用来保全人们同情之心的方法啊。

因此前辈就有"四不食"的戒律，就是说听到宰杀声音的不要去吃，看到宰杀场面的不要去吃，自己养的动物不要去吃，专门为自己宰杀的也不要去吃。

初学行善的人不能突然之间断绝肉食，就姑且先从这"四不食"做起。然后循序渐进，让仁慈之心一天天地变得深厚起来。

不仅要戒掉杀生恶习，即使那些慢慢蠕动的小虫子也都有灵性，都属于有生命的生物。人们为了求取蚕丝而烹煮蚕茧，为了锄草种地而杀死许多土中的小虫子。想想人们衣食的来源，都是杀死别的生命以养活我们自己，因此残害这些小生命的罪孽，应该说与我们主动杀生的罪孽是相同的。

至于我们手下误伤的小虫、脚下误踩的生灵，还不知道有多少，我们都应该想方设法地防止出现这种情况。古诗说："爱鼠常留饭，怜蛾不点灯。"这是多么的仁慈啊！

善良的行为无穷无尽，我们无法一一全部予以论述。可以从以上十类善行推广开去，那么各种美德也就能具备了。

谦德之效

《周易》说:"上天的运行规律是减少自满的而去补益谦虚的,大地的运行规律是减损自满的而去补充谦虚的,鬼神的行事原则是损害自满的而去赐福谦虚的,人们的行事原则是讨厌自满的而去喜欢谦虚的。"因此《周易·谦卦》这一卦,它的六个爻辞都是吉祥的。《尚书》也说:"自满傲慢就会招来损失,谦虚谨慎就会获取益处。"我多次与各位先生一起去参加科举考试,每次看到那些贫寒的读书人将要飞黄腾达之时,一定会有一种非常谦虚的美德表现出来。

辛未那年(1571),举人们赴京应试,我们嘉善参加考试的同乡一共有十人,只有丁敬宇的年龄最小,为人也极为谦虚。

我就对费锦坡说:"这位丁敬宇仁兄今年一定能够考中。"

费锦坡问道:"你怎么知道呢?"

我回答说:"只有谦虚的人才能获得福佑。费兄您看看,在这十人之中,有哪一位在温和真诚、不敢抢占人先这方面,能够比上丁敬宇的呢?有哪一位在恭敬顺从、小心谦虚、满怀敬畏之心这方面,能够比上丁敬宇的呢?有哪一位在受到屈辱而不予报复、听到诽谤而不予辩解这方面，能够比上丁敬宇的呢？一个人能够做到这些，即便是天地鬼神，也会护佑他，这样的人岂有不成功的道理？"

等到开榜公布的时候，丁敬宇果然考中了进士。

丁丑那年（1577），我在京城，与冯开之住在一起，看到他谦虚谨慎，神情庄重，完全改变了年幼时的习气。

李霁岩是一位正直诚信的益友，时常当面批评冯开之的错误，只见他总是心平气和地虚心接受，未曾讲过一句反驳的话。

我就对他说："福报有福报的根源，灾祸有灾祸的先导。一个人心里如果真的如此谦虚，上天一定会保佑他。仁兄你今年一定能够考中。"

后来他果真考中了进士。

赵光远先生号裕峰，山东冠县人，他年龄很小的时候就参加乡试考中了举人，但此后很长时间都没能考上进士。

他父亲出任嘉善县三尹时，赵光远先生就跟随父亲来到嘉善任上。赵光远先生仰慕钱明吾先生的道德、学问，就带着自己写的文章去拜访他。

　　钱明吾先生把赵光远先生的文章全部涂改掉了，赵光远先生不仅不生气，而且心服口服地很快改正了自己文章的缺点。

　　到了第二年，赵光远先生就考中了进士。

　　壬辰那年（1592），我入朝觐见皇上时，遇到夏建所先生，看到他虚己待人，谦虚之光辉耀照人。

　　回去后，我就对朋友说："大凡上天将要让某人飞黄腾达的时候，在还没有赐予他福祉之前，先赐予他智慧。这样的智慧一旦开启，那么虚浮的人就会自然变得沉稳，放纵的人就会自我约束。夏建所先生如此温和善良，这是上天在开启他的智慧啊。"

　　等到发榜的时候，夏建所先生果然考中了。

　　江阴人张畏岩先生，不断积累自己的学问而且善于写文章，在读书人中有一定的名气。

　　甲午那年（1594），南京举行乡试，张畏岩先生借居在一个寺庙之中。考试结果揭晓了，而他榜上无名　他就大骂考官，认为考官有眼无珠。

　　此时有一位僧人，站在旁边微微一笑，张畏岩先生马上迁怒于这位僧人。

　　僧人说："相公您的文章肯定是写得不好。"

　　张畏岩先生越发生气，说："你又没有看过我的文章，怎么知道我写得不好？"

　　僧人说："我听说写文章，贵在心平气和，如今听到相公您如此谩骂他人，心中不平和得如此严重，您的文章怎么能写得好呢？"

　　张畏岩先生听后不知不觉地心服口服了，于是就走近僧人向他请教。

　　僧人说："是否能够考中全在于命中注定，命中不该考中的，文章即使写得很好，也没有任何用处。您自己必须做个改变。"

　　张畏岩先生说："既然是命中注定，我又怎么能够改变呢？"

　　僧人说："命运的注定者是上天，改善命运的却是我们自己。努力去做善事，广泛积累阴德，什么样的福祉不能追求到手呢？"

　　张畏岩先生说："我是个贫穷的读书人，又能做些什么善事呢？"

　　僧人说："善事与阴德，都是由自己内心产生出来的。只要能永远存着一颗善心，就能获取无量的功德。再说谦虚这一品质，并不需要您花钱去买，您为什么不自我反省而去辱骂考官呢？"

　　张畏岩先生从此改变自己的品德、言行而严格约束自我，善行一天天地增加，功德也一天天地更加深厚。

丁酉那年（1597），张畏岩先生梦见自己来到一座高大的房子里，看到了一本科举考试的录取名单，中间有许多缺行。

他就询问旁边的人，旁边的人回答说："这就是今年科举考试的录取名单。"

张畏岩先生问："为什么缺了这么多名字呢？"

旁边的人回答："阴间每三年对参加科举考试的读书人考核一次，必须积累功德、没有过失的人，才能榜上有名。比如这里看到的被删除名字的人，都是一些原本应该考上的人，因为他们最近犯有过失，所以被除名了。"

后来，旁边的这个人又指着空缺的一行说："你这三年以来，做人做事非常谨慎，也许你的名字会补录在这里，希望你能够继续自重自爱。"

张畏岩先生在这次科举考试时，果然考中了第一百零五名。

从这里可以看出，在我们头上三尺高的地方，肯定会有神灵在监视着我们；追求吉祥幸福而躲避灾难凶险，那么就一定要依靠我们自己。

　　我们必须心存善良、约束自己的言行，丝毫也不敢得罪天地鬼神，而且还要谦虚谨慎、屈己伸人，使天地鬼神时时眷顾于我，这才算是有了接受福祉的基础。

　　那些盛气凌人的人，必定不会是具有远大志向、能够成就大事的人，即便是上天想护佑他们发达，他们也无法享受这种护佑。

　　稍微有点见识的人，肯定不忍心让自己的心胸如此狭窄，从而拒绝来自上天的福佑。更何况谦虚谨慎的人才会有接受别人教诲的余地，从而获取无穷无尽的益处，尤其是那些修习学业的人，这种品质更是必不可少的。

　　古语说："有志于求取功名的人，就一定能够得到功名；有志于求取富贵的人，就一定能够得到富贵。"

　　人一旦有了志向，就如同树有了根一样。立定这个志向之后，还须念念不忘谦虚谨慎，事事与人方便，这样自然会感动天地，所以说求取福祉完全要依靠自己。

　　如今一些求取科举功名的人，最初未必有这方面的真正志向，不过是出于一时的兴致而已。兴致来了就去追求功名，兴致没了就停下不干了。

孟子说："如果大王真的特别喜欢音乐，那么齐国也许差不多就能够治理好了。"

我对于求取科举功名的看法也是如此。

《了凡四训》原文

立命之学

余童年丧父，老母命弃举业学医，谓："可以养生，可以济人，且习一艺以成名，尔父夙心也。"

后余在慈云寺，遇一老者，修髯伟貌，飘飘若仙，余敬礼之。

语余曰："子仕路中人也，明年即进学，何不读书？"

余告以故，并叩老者姓氏里居。

曰："吾姓孔，云南人也。得邵子皇极数正传，数该传汝。"

余引之归，告母。母曰："善待之。"试其数，纤悉皆验。

余遂启读书之念，谋之表兄沈称，言："郁海谷先生在沈友夫家开馆，我送汝寄学甚便。"余遂礼郁为师。

孔为余起数：县考童生，当十四名；府考七十一名；提学考第九名。明年赴考，三处名数皆合。

复为卜终身休咎，言："某年考第几名，某年当补廪，某年当贡，贡后某年，当选四川一大尹，在任三年半，即宜告归。五十三岁八月十四日丑时，当终于正寝，惜无子。"

余备录而谨记之。自此以后，凡遇考校，其名数先后，皆不出孔公所悬定者。

独算余食廪米九十一石五斗当出贡，及食米七十余石，屠宗师即批准补贡，余窃疑之。后果为署印杨公所驳，直至丁卯年，殷秋溟宗师见余场中备卷，叹曰："五策，即五篇奏议也，岂可使博洽淹贯之儒，老于窗下乎！"遂依县申文准贡。连前食米计之，实九十一石五斗也。

余因此益信进退有命，迟速有时，澹然无求矣。贡入燕都，留京一年，终日静坐，不阅文字。

己巳归，游南雍。未入监，先访云谷会禅师于栖霞山中，对坐一室，凡三昼夜不瞑目。

云谷问曰："凡人所以不得作圣者，只为妄念相缠耳。汝坐三日，不见起一妄念，何也？"

会曰："吾为孔先生算定，荣辱死生，皆有定数，即要妄想，亦无可妄想。"

云谷笑曰："我待汝是豪杰，原来只是凡夫。"

问其故，曰："人未能无心，终为阴阳所缚，安得无数？但惟凡人有数；极善之人，数固拘他不定；极恶之人，数亦拘他不定。汝二十年来，被他算定，不曾转动一毫，岂非是凡夫？"

余问曰："然则数可逃乎？"

曰："命由我作，福自己求。《诗》《书》所称，的为明训。我教典中说：'求富贵得富贵，求男女得男女，求长寿得长寿。'夫妄语乃释迦大戒，诸佛菩萨，岂诳语欺人？"

余进曰："孟子言：'求则得之，是求在我者也。'道德仁义可以力求；功名富贵，如何求得？"

云谷曰："孟子之言不错，汝自错解了。汝不见六祖说：'一切福田，不离方寸；从心而觅，感无不通。'求在我，不独得道德仁义，亦得功名富贵；内外双得，是求有益于得也。

"若不反躬内省，而徒向外驰求，则'求之有道，而得之有命矣'，内外双失，故无益。"

因问："孔公算汝终身若何？"

余以实告。云谷曰："汝自揣应得科第否？应生子否？"

余追省良久，曰："不应也。科第中人，类有福相，余福薄，又不能积功累行，以基厚福；兼不耐烦剧，不能容人；时或以才智盖人，直心直行，轻言妄谈。凡此皆薄福之相也，岂宜科第哉？

"地之秽者多生物，水之清者常无鱼，余好洁，宜无子者一；

"和气能育万物，余善怒，宜无子者二；

"爱为生生之本，忍为不育之根，余矜惜名节，常不能舍己救人，宜无子者三；

"多言耗气，宜无子者四；

"喜饮铄精，宜无子者五；

"好彻夜长坐，而不知葆元毓神，宜无子者六。

"其余过恶尚多，不能悉数。"

云谷曰："岂惟科第哉！世间享千金之产者，定是千金人物；享百金之产者，定是百金人物；应饿死者，定是饿死人物；天不过因材而笃，几曾加纤毫意思？

"即如生子，有百世之德者，定有百世子孙保之；有十世之德者，定有十世子孙保之；有三世、二世之德者，定有三世、二世子孙保之；其斩焉无后者，德至薄也。

"汝今既知非，将向来不发科第，及不生子之相，尽情改刷。务要积德，务要包荒，务要和爱，务要惜精神。

"从前种种，譬如昨日死；从后种种，譬如今日生：此义理再生之身也。

"夫血肉之身，尚然有数；义理之身，岂不能格天？《太甲》曰：'天作孽，犹可违；自作孽，不可活。'《诗》云：'永言配命，自求多福。'

"孔先生算汝不登科第，不生子者，此天作之孽也，犹可得而违也；汝今扩充德性，力行善事，多积阴德，此自己所作之福也，安得而不受享乎？

　　"《易》为君子谋，趋吉避凶；若言天命有常，吉何可趋，凶何可避？开章第一义，便说：'积善之家，必有余庆。'汝信得及否？"

　　余信其言，拜而受教。

　　因将往日之罪，佛前尽情发露，为疏一通，先求登科，誓行善事三千条，以报天地祖宗之德。

　　云谷出功过格示余，令所行之事，逐日登记；善则记数，恶则退除；且教持《准提咒》，以期必验。

　　语余曰："符箓家有云：'不会书符，被鬼神笑。'此有秘传，只是不动念也。执笔书符，先把万缘放下，一尘不起。从此念头不动处，下一点，谓之混沌开基。由此而一笔挥成，更无思虑，此符便灵。

　　"凡祈天立命，都要从无思无虑处感格。孟子论立命之学，而曰：'夭寿不贰。'夫夭寿，至贰者也。当其不动念时，孰为夭，孰为寿？

　　"细分之，丰歉不贰，然后可立贫富之命；穷通不贰，然后可立贵贱之命；夭寿不贰，然后可立生死之命。

"人生世间，惟死生为重，曰夭寿，则一切顺逆皆该之矣。

"至'修身以俟之'，乃积德祈天之事。曰'修'，则身有过恶，皆当治而去之；曰'俟'，则一毫觊觎、一毫将迎，皆当斩绝之矣。到此地位，直造先天之境，即此便是实学。

"汝未能无心，但能持《准提咒》，无记无数，不令间断，持得纯熟，于持中不持，于不持中持。到得念头不动，则灵验矣。"

余初号"学海"，是日改号"了凡"，盖悟立命之说，而不欲落凡夫窠臼也。

从此而后，终日兢兢，便觉与前不同。前日只是悠悠放任，到此自有战兢惕厉景象，在暗室屋漏中，常恐得罪天地鬼神；遇人憎我毁我，自能恬然容受。

到明年，礼部考科举，孔先生算该第三，忽考第一，其言不验，而秋闱中式矣。

然行义未纯，检身多误：或见善而行之不勇，或救人而心常自疑；或身勉为善，而口有过言；或醒时操持，而醉后放逸。以过折功，日常虚度。

自己巳岁发愿，直至己卯岁，历十余年，而三千善行始完。时方从李渐庵入关，未及回向。庚辰南还，始请性空、慧空诸上人，就东塔禅堂回向。

遂起求子愿，亦许行三千善事。辛巳，生男天启。

余行一事，随以笔记；汝母不能书，每行一事，辄用鹅毛管，印一朱圈于历日之上。或施食贫人，或买放生命，一日有多至十余圈者。

至癸未八月，三千之数已满。复请性空辈，就家庭回向。

九月十三日，复起求中进士愿，许行善事一万条。丙戌登第，授宝坻知县。

余置空格一册，名曰《治心编》。晨起坐堂，家人携付门役，置案上，所行善恶，纤悉必记。夜则设桌于庭，效赵阅道焚香告帝。

汝母见所行不多，辄颦蹙曰："我前在家，相助为善，故三千之数得完；今许一万，衙中无事可行，何时得圆满乎？"

夜间偶梦见一神人，余言善事难完之故。神曰："只减粮一节，万行俱完矣。"

盖宝坻之田，每亩二分三厘七毫。余为区处，减至一分四厘六毫。

委有此事，心颇惊疑。适幻余禅师自五台来，余以梦告之，且问此事宜信否，师曰："善心真切，即一行可当万善，况合县减粮，万民受福乎！"

吾即捐俸银，请其就五台山斋僧一万而回向之。

孔公算予五十三岁有厄，余未尝祈寿，是岁竟无恙，今六十九矣。

　　《书》曰："天难谌,命靡常。"又云:"惟命不于常。"
皆非诳语。

　　吾于是而知,凡称祸福自己求之者,乃圣贤之言;
若谓祸福惟天所命,则世俗之论矣。

　　汝之命, 未知若何。

　　即命当荣显, 常作落寞想;

　　即时当顺利, 常作拂逆想;

　　即眼前足食, 常作贫窭想;

　　即人相爱敬, 常作恐惧想;

　　即家世望重, 常作卑下想;

　　即学问颇优, 常作浅陋想。

　　远思扬祖宗之德, 近思盖父母之愆;

上思报国之恩，下思造家之福；

外思济人之急，内思闲己之邪。

务要日日知非，日日改过；一日不知非，即一日安于自是；一日无过可改，即一日无步可进。

天下聪明俊秀不少，所以德不加修，业不加广者，只为因循二字，耽阁一生。

云谷禅师所授立命之说，乃至精至邃、至真至正之理，其熟玩而勉行之，毋自旷也。

改过之法

春秋诸大夫，见人言动，亿而谈其祸福，靡不验者，《左》《国》诸记可观也。

大都吉凶之兆，萌乎心而动乎四体，其过于厚者常获福，过于薄者常近祸。

俗眼多翳，谓有未定而不可测者。

至诚合天，福之将至，观其善而必先知之矣；祸之将至，观其不善而必先知之矣。

今欲获福而远祸，未论行善，先须改过。

但改过者，第一，要发耻心。

思古之圣贤，与我同为丈夫，彼何以百世可师？我何以一身瓦裂？

耽染尘情，私行不义，谓人不知，傲然无愧，将日沦于禽兽而不自知矣；世之可羞可耻者，莫大乎此。

孟子曰："耻之于人大矣。"以其得之则圣贤，失之则禽兽耳。此改过之要机也。

第二，要发畏心。

天地在上，鬼神难欺，吾虽过在隐微，而天地鬼神，实鉴临之，重则降之百殃，轻则损其现福，吾何可以不惧？

不惟是也，闲居之地，指视昭然；吾虽掩之甚密，文之甚巧，而肺肝早露，终难自欺，被人觑破，不值一文矣，乌得不懔懔？

不惟是也。一息尚存，弥天之恶，犹可悔改；古人有一生作恶，临死悔悟，发一善念，遂得善终者。谓一念猛厉，足以涤百年之恶也。譬如千年幽谷，一灯才照，则千年之暗俱除；故过不论久近，惟以改为贵。

且尘世无常，肉身易殒，一息不属，欲改无由矣。明则千百年担负恶名，虽孝子慈孙，不能洗涤；幽则千百劫沉沦狱报，虽圣贤、佛、菩萨，不能援引。乌得不畏？

第三，须发勇心。

人不改过，多是因循退缩；吾须奋然振作，不用迟疑，不烦等待。小者如芒刺在肉，速与抉剔；大者如毒蛇啮指，速与斩除，无丝毫凝滞。此风雷之所以为益也。

具是三心，则有过斯改，如春冰遇日，何患不消乎？

然人之过，有从事上改者，有从理上改者，有从心上改者。工夫不同，效验亦异。

如前日杀生，今戒不杀；前日怒詈，今戒不怒：此就其事而改之者也。强制于外，其难百倍，且病根终在，东灭西生，非究竟廓然之道也。

善改过者，未禁其事，先明其理。

如过在杀生，即思曰：上帝好生，物皆恋命，杀彼养己，岂能自安？且彼之杀也，既受屠割，复入鼎镬，种种痛苦，彻入骨髓。

己之养也，珍膏罗列，食过即空；疏食菜羹，尽可充腹，何必戕彼之生，损己之福哉？

又思血气之属，皆含灵知，既有灵知，皆我一体，纵不能躬修至德，使之尊我亲我，岂可日戕物命，使之仇我憾我于无穷也？

一思及此，将有对食伤心，不能下咽者矣。

如前日好怒，必思曰：人有不及，情所宜矜；悖理相干，于我何与？本无可怒者。

又思天下无自是之豪杰，亦无尤人之学问；行有不得，皆己之德未修，感未至也。吾悉以自反，则谤毁之来，皆磨炼玉成之地；我将欢然受赐，何怒之有？

　　又闻谤而不怒，虽谗焰熏天，如举火焚空，终将自息；闻谤而怒，虽巧心力辩，如春蚕作茧，自取缠绵。怒不惟无益，且有害也。

　　其余种种过恶，皆当据理思之。此理既明，过将自止。

　　何谓从心而改？

　　过有千端，惟心所造；吾心不动，过安从生？学者于好色、好名、好货、好怒种种诸过，不必逐类寻求，但当一心为善，正念现前，邪念自然污染不上。如太阳当空，魑魅潜消，此"精一"之真传也。过由心造，亦由心改，如斩毒树，直断其根，奚必枝枝而伐、叶叶而摘哉？

　　大抵最上者治心，当下清净；才动即觉，觉之即无；苟未能然，须明理以遣之；又未能然，须随事以禁之。

　　以上事而兼行下功，未为失策；执下而昧上，则拙矣。

顾发愿改过，明须良朋提醒，幽须鬼神证明。一心忏悔，昼夜不懈，经一七、二七，以至一月、二月、三月，必有效验。

或觉心神恬旷；或觉智慧顿开；或处冗沓而触念皆通；或遇怨仇而回嗔作喜；或梦吐黑物；或梦往圣先贤，提携接引；或梦飞步太虚；或梦幢幡宝盖。

种种胜事，皆过消罪灭之象也。然不得执此自高，画而不进。

昔蘧伯玉当二十岁时，已觉前日之非而尽改之矣。至二十一岁，乃知前之所改，未尽也；及二十二岁，回视二十一岁，犹在梦中。岁复一岁，递递改之。行年五十，而犹知四十九年之非。古人改过之学如此。

吾辈身为凡流，过恶猬集，而回思往事，常若不见其有过者，心粗而眼翳也。

然人之过恶深重者，亦有效验：或心神昏塞，转头即忘；或无事而常烦恼；或见君子而赧然消沮；

或闻正论而不乐；或施惠而人反怨；或夜梦颠倒，甚则妄言失志。皆作孽之相也。

苟一类此，即须奋发，舍旧图新，幸勿自误。

积善之方

《易》曰："积善之家，必有余庆。"

昔颜氏将以女妻叔梁纥，而历叙其祖宗积德之长，逆知其子孙必有兴者。

孔子称舜之大孝，曰："宗庙飨之，子孙保之。"皆至论也。试以往事征之。

杨少师荣，建宁人，世以济渡为生。久雨溪涨，横流冲毁民居，溺死者顺流而下，他舟皆捞取货物，独少师曾祖及祖，惟救人，而货物一无所取，乡人嗤其愚。

逮少师父生，家渐裕。有神人化为道者，语之曰："汝祖、父有阴功，子孙当贵显，宜葬某地。"遂依其所指而窆之，即今白兔坟也。

后生少师，弱冠登第，位至三公，加曾祖、祖、父如其官。子孙贵盛，至今尚多贤者。

鄞人杨自惩，初为县吏，存心仁厚，守法公平。时县宰严肃，偶挞一囚，血流满前，而怒犹未息，杨跪而宽解之。

宰曰："怎奈此人越法悖理，不由人不怒。"

自惩叩首曰："'上失其道，民散久矣。如得其情，哀矜勿喜。'喜且不可，而况怒乎？"

宰为之霁颜。

家甚贫，馈遗一无所取。遇囚人乏粮，常多方以济之。

一日，有新囚数人待哺，家又缺米，给囚则家人无食，自顾则囚人堪悯。与其妇商之。

妇曰："囚从何来？"

曰："自杭而来。沿路忍饥，菜色可掬。"

因撤己之米，煮粥以食囚。

后生二子，长曰守陈，次曰守阯，为南、北吏部侍郎。长孙为刑部侍郎，次孙为四川廉宪，又俱为名臣。今楚亭德政，亦其裔也。

昔正统间，邓茂七倡乱于福建，士民从贼者甚众。朝廷起鄞县张都宪楷南征，以计擒贼。

后委布政司谢都事搜杀东路贼党。谢求贼中党附册籍，凡不附贼者，密授以白布小旗，约兵至日插旗门首，戒军兵无妄杀，全活万人。

后谢之子迁，中状元，为宰辅；孙丕，复中探花。

莆田林氏，先世有老母好善，常作粉团施人，求取即与之，无倦色。

一仙化为道人，每旦索食六七团。母日日与之，终三年如一日，乃知其诚也。

因谓之曰："吾食汝三年粉团，何以报汝？府后有一地，葬之，子孙官爵，有一升麻子之数。"

其子依所点葬之。初世即有九人登第，累代簪缨甚盛。福建有"无林不开榜"之谣。

冯琢庵太史之父，为邑庠生，隆冬早起赴学，路遇一人，倒卧雪中，扪之，半僵矣，遂解己绵裘衣之，且扶归救苏。

梦神告之曰："汝救人一命，出至诚心，吾遣韩琦为汝子。"及生琢庵，遂名琦。

台州应尚书，壮年习业于山中。夜鬼啸集，往往惊人，公不惧也。

一夕闻鬼云："某妇以夫久客不归，翁姑逼其嫁人。明夜当缢死于此，吾得代矣。"

公潜卖田，得银四两，即伪作其夫之书，寄银还家。

其父母见书，以手迹不类，疑之。既而曰："书可伪，银不可假，想儿无恙。"妇遂不嫁。

其子后归，夫妇相保如初。

公又闻鬼语曰："我当得代，奈此秀才坏吾事。"

傍一鬼曰："尔何不祸之？"

曰："上帝以此人心好，命作阴德尚书矣。吾何得而祸之？"

应公因此益自努励，善日加修，德日加厚。

遇岁饥，辄捐谷以赈之；遇亲戚有急，辄委曲维持；遇有横逆，辄反躬自责，怡然顺受。

子孙登科第者，今累累也。

常熟徐凤竹栻，其父素富。偶遇年荒，先捐租，以为同邑之倡，又分谷以赈贫乏。

夜闻鬼唱于门曰："千不诳，万不诳，徐家秀才，做到了举人郎！"相续而呼，连夜不断。

是岁，凤竹果举于乡。

其父因而益积德，孳孳不怠，修桥修路，斋僧接众。凡有利益，无不尽心。

后又闻鬼唱于门曰："千不诳，万不诳，徐家举人，直做到都堂！"凤竹官终两浙巡抚。

嘉兴屠康僖公，初为刑部主事，宿狱中，细询诸囚情状，得无辜者若干人。

公不自以为功，密疏其事，以白堂官。

后朝审，堂官摘其语，以讯诸囚，无不服者，释冤抑十余人，一时辇下咸颂尚书之明。

公复禀曰："辇毂之下，尚多冤民；四海之广，兆民之众，岂无枉者？宜五年差一减刑官，核实而平反之。"

尚书为奏，允其议。时公亦差减刑之列。

梦一神告之曰："汝命无子，今减刑之议，深合天心，上帝赐汝三子，皆衣紫腰金。"

是夕夫人有娠，后生应埙、应坤、应埈，皆显官。

嘉兴包凭，字信之，其父为池阳太守，生七子，凭最少，赘平湖袁氏，与吾父往来甚厚。

博学高才，累举不第，留心二氏之学。

一日东游泖湖，偶至一村寺中，见观音像，淋漓露立，即解囊中得十金，授主僧，令修屋宇。

僧告以功大银少，不能竣事。复取松布四匹，检箧中衣七件与之。内纻褶，系新置，其仆请已之，凭曰："但得圣像无恙，吾虽裸裎何伤？"

僧垂泪曰："舍银及衣布，犹非难事；只此一点心，如何易得！"

后功完，拉老父同游，宿寺中。公梦伽蓝来谢曰："汝子当享世禄矣。"

后子汴，孙柽芳，皆登第，作显官。

嘉善支立之父，为刑房吏。

有囚无辜陷重辟，意哀之，欲求其生。

囚语其妻曰："支公嘉意，愧无以报。明日延之下乡，汝以身事之，彼或肯用意，则我可生也。"其妻泣而听命。

及至，妻自出劝酒，具告以夫意，支不听。

卒为尽力平反之。囚出狱，夫妻登门叩谢曰："公如此厚德，晚世所稀。今无子，吾有弱女，送为箕帚妾，此则礼之可通者。"

支为备礼而纳之，生立，弱冠中魁，官至翰林孔目。立生高，高生禄，皆贡为学博。禄生大纶，登第。

凡此十条，所行不同，同归于善而已。

若复精而言之，则善有真，有假；

有端，有曲；

有阴，有阳；

有是，有非；

有偏，有正；

有半，有满；

有大，有小；

有难，有易。

皆当深辨。为善而不穷理，则自谓行持，岂知造孽，枉费苦心，无益也。

何谓真假？

昔有儒生数辈，谒中峰和尚，问曰："佛氏论善恶报应，如影随形。今某人善，而子孙不兴；某人恶，而家门隆盛。佛说无稽矣。"

中峰云："凡情未涤，正眼未开，认善为恶，指恶为善，往往有之。不憾己之是非颠倒，而反怨天之报应有差乎？"

众曰："善恶何致相反？"

中峰令试言其状。

一人谓："詈人、殴人是恶，敬人、礼人是善。"

中峰云："未必然也。"

一人谓："贪财妄取是恶，廉洁有守是善。"

中峰云："未必然也。"

众人历言其状，中峰皆谓"不然"。因请问。

中峰告之曰："有益于人，是善；有益于己，是恶。

"有益于人，则殴人、詈人皆善也；有益于己，则敬人、礼人皆恶也。

"是故人之行善，利人者公，公则为真；利己者私，私则为假。

"又根心者真，袭迹者假。

"又无为而为者真，有为而为者假。

"皆当自考。"

何谓端曲？

今人见谨愿之士，类称为善而取之；圣人则宁取狂狷。

至于谨愿之士，虽一乡皆好，而必以为德之贼。

是世人之善恶，分明与圣人相反。

推此一端，种种取舍，无有不谬。

天地鬼神之福善祸淫，皆与圣人同是非，而不与世俗同取舍。

凡欲积善，决不可徇耳目，惟从心源隐微处，默默洗涤。

纯是济世之心，则为端；苟有一毫媚世之心，即为曲。

纯是爱人之心，则为端；有一毫愤世之心，即为曲。

纯是敬人之心，则为端；有一毫玩世之心，即为曲。

皆当细辨。

何谓阴阳？

凡为善而人知之，则为阳善；为善而人不知，则为阴德。

阴德，天报之；阳善，享世名。

名，亦福也。名者，造物所忌。世之享盛名而实不副者，多有奇祸；人之无过咎而横被恶名者，子孙往往骤发。

阴阳之际微矣哉。

何谓是非？

鲁国之法，鲁人有赎人臣妾于诸侯，皆受金于府。

子贡赎人而不受金。

孔子闻而恶之曰："赐失之矣。夫圣人举事，可以移风易俗，而教道可施于百姓，非独适己之行也。今鲁国富者寡而贫者众，受金则为不廉，何以相赎乎？自今以后，不复赎人于诸侯矣。"

子路拯人于溺，其人谢之以牛，子路受之。

孔子喜曰："自今鲁国多拯人于溺矣。"

自俗眼观之，子贡不受金为优，子路之受牛为劣，孔子则取由而黜赐焉。

乃知人之为善，不论现行而论流弊，不论一时而论久远，不论一身而论天下。

现行虽善，而其流足以害人，则似善而实非也；现行虽不善，而其流足以济人，则非善而实是也。

然此就一节论之耳，他如非义之义，非礼之礼，非信之信，非慈之慈，皆当抉择。

何谓偏正？

昔吕文懿公初辞相位，归故里，海内仰之，如泰山北斗。

有一乡人醉而詈之，吕公不动，谓其仆曰："醉者勿与较也。"闭门谢之。

逾年，其人犯死刑入狱。

吕公始悔之曰："使当时稍与计较，送公家责治，可以小惩而大戒。吾当时只欲存心于厚，不谓养成其恶，以至于此。"

此以善心而行恶事者也。

又有以恶心而行善事者。

　　如某家大富，值岁荒，穷民白昼抢粟于市。告之县，县不理，穷民愈肆，遂私执而困辱之，众始定。不然，几乱矣。

　　故善者为正，恶者为偏，人皆知之。
　　其以善心而行恶事者，正中偏也；以恶心而行善事者，偏中正也，不可不知也。

　　何谓半满？
　　《易》曰："善不积，不足以成名；恶不积，不足以灭身。"
　　《书》曰："商罪贯盈。"
　　如贮物于器，勤而积之，则满；懈而不积，则不满。此一说也。

　　昔有某氏女入寺，欲施而无财，止有钱二文，捐而与之，主席者亲为忏悔。
　　及后入宫富贵，携数千金入寺舍之，主僧惟令其徒回向而已。
　　因问曰："吾前施钱二文，汝亲为忏悔；今施数千金，而汝不回向，何也？"
　　曰："前者物虽薄，而施心甚真，非老僧亲忏，不足报德；今物虽厚，而施心不若前日之切，令人代忏足矣。"

此千金为半，而二文为满也。

钟离授丹于吕祖，点铁为金，可以济世。

吕问曰："终变否？"

曰："五百年后，当复本质。"

吕曰："如此则害五百年后人矣，吾不愿为也。"

曰："修仙要积三千功行，汝此一言，三千功行已满矣。"

此又一说也。

又为善而心不著善，则随所成就，皆得圆满。

心著于善，虽终身勤励，止于半善而已。

譬如以财济人，内不见己，外不见人，中不见所施之物，是谓三轮体空，是谓一心清净，则斗粟可以种无涯之福，一文可以消千劫之罪。

倘此心未忘，虽黄金万镒，福不满也。

此又一说也。

何谓大小？

昔卫仲达为馆职，被摄至冥司，主者命吏呈善恶二录。

比至，则恶录盈庭，其善录仅如箸而已。索秤称之，则盈庭者反轻，而如箸者反重。

仲达曰："某年未四十，安得过恶如是多乎？"

曰："一念不正即是，不待犯也。"

因问轴中所书何事，曰："朝廷尝兴大工，修三山石桥，君上疏谏之，此疏稿也。"

仲达曰："某虽言，朝廷不从，于事无补，而能有如是之力？"

曰："朝廷虽不从，君之一念，已在万民；向使听从，善力更大矣。"

故志在天下国家，则善虽少而大；苟在一身，虽多亦小。

何谓难易？

先儒谓克己须从难克处克将去。夫子论为仁，亦曰先难。

必如江西舒翁，舍二年仅得之束脩，代偿官银，而全人夫妇；与邯郸张翁，舍十年所积之钱，代完赎银，而活人妻子。皆所谓难舍处能舍也。

如镇江靳翁，虽年老无子，不忍以幼女为妾，而还之邻。此难忍处能忍也。

故天降之福亦厚。

凡有财有势者，其立德皆易，易而不为，是为自暴。贫贱作福皆难，难而能为，斯可贵耳。

随缘济众，其类至繁，约言其纲，大约有十：

第一，与人为善；

第二，爱敬存心；

第三，成人之美；

第四，劝人为善；

第五，救人危急；

第六，兴建大利；

第七，舍财作福；

第八，护持正法；

第九，敬重尊长；

第十，爱惜物命。

何谓与人为善？

昔舜在雷泽，见渔者皆取深潭厚泽，而老弱则渔于急流浅滩之中，恻然哀之，往而渔焉。见争者，皆匿其过而不谈；见有让者，则揄扬而取法之。期年，皆以深潭厚泽相让矣。

夫以舜之明哲，岂不能出一言教众人哉？乃不以言教而以身转之，此良工苦心也！

吾辈处末世，勿以己之长而盖人，勿以己之善而形人，勿以己之多能而困人。

收敛才智，若无若虚，见人过失，且涵容而掩覆之，一则令其可改，一则令其有所顾忌而不敢纵。

见人有微长可取、小善可录，翻然舍己而从之，且为艳称而广述之。

凡日用间，发一言，行一事，全不为自己起念，全是为物立则，此大人天下为公之度也。

何谓爱敬存心？

君子与小人，就形迹观，常易相混，惟一点存心处，则善恶悬绝，判然如黑白之相反。

故曰："君子所以异于人者，以其存心也。"

君子所存之心，只是爱人、敬人之心。

盖人有亲疏贵贱，有智愚、贤不肖，万品不齐，皆吾同胞，皆吾一体，孰非当敬爱者？

爱敬众人，即是爱敬圣贤；能通众人之志，即是通圣贤之志。

何者？圣贤之志，本欲斯世斯人，各得其所。吾合爱合敬，而安一世之人，即是为圣贤而安之也。

何谓成人之美？

玉之在石，抵掷则瓦砾，追琢则圭璋。

故凡见人行一善事，或其人志可取而资可进，皆须诱掖而成就之。

或为之奖借，或为之维持，或为白其诬而分其谤，务使成立而后已。

大抵人各恶其非类，乡人之善者少，不善者多。善人在俗，亦难自立。且豪杰铮铮，不甚修形迹，多易指摘。故善事常易败，而善人常得谤。

惟仁人长者，匡直而辅翼之，其功德最宏。

何谓劝人为善？

生为人类，孰无良心？世路役役，最易没溺。凡与人相处，当方便提撕，开其迷惑。

譬犹长夜大梦，而令之一觉；譬犹久陷烦恼，而拔之清凉。为惠最溥。

韩愈云："一时劝人以口，百世劝人以书。"

较之与人为善，虽有形迹，然对症发药，时有奇效，不可废也。

失言失人，当反吾智。

何谓救人危急？

患难颠沛，人所时有。偶一遇之，当如痌瘝之在身，速为解救。或以一言伸其屈抑，或以多方济其颠连。

崔子曰："惠不在大，赴人之急可也。"盖仁人之言哉！

何谓兴建大利？

小而一乡之内，大而一邑之中，凡有利益，最宜兴建。

或开渠导水，或筑堤防患；或修桥梁，以便行旅；或施茶饭，以济饥渴。

随缘劝导，协力兴修，勿避嫌疑，勿辞劳怨。

何谓舍财作福？

释门万行，以布施为先。所谓布施者，只是"舍"之一字耳。

达者内舍六根，外舍六尘，一切所有，无不舍者。

苟非能然，先从财上布施。世人以衣食为命，故财为最重。吾从而舍之，内以破吾之悭，外以济人之急。始而勉强，终则泰然，最可以荡涤私情，祛除执吝。

何谓护持正法？

法者，万世生灵之眼目也。不有正法，何以参赞天地？何以裁成万物？何以脱尘离缚？何以经世、出世？

故凡见圣贤庙貌、经书典籍，皆当敬重而修饬之。至于举扬正法，上报佛恩，尤当勉励。

何谓敬重尊长？

家之父兄，国之君长，与凡年高、德高、位高、识高者，皆当加意奉事。

在家而奉侍父母，使深爱婉容，柔声下气，习以成性，便是和气格天之本。

出而事君，行一事，毋谓君不知而自恣也；刑一人，毋谓君不知而作威也。事君如天。

古人格论，此等处最关阴德。试看忠孝之家，子孙未有不绵远而昌盛者，切须慎之。

何谓爱惜物命？

凡人之所以为人者，惟此恻隐之心而已；求仁者求此，积德者积此。

《周礼》："孟春之月，牺牲毋用牝。"孟子谓："君子远庖厨。"所以全吾恻隐之心也。

故前辈有四不食之戒，谓闻杀不食，见杀不食，自养者不食，专为我杀者不食。

学者未能断肉，且当从此戒之。渐渐增进，慈心愈长。

不特杀生当戒，蠢动含灵，皆为物命。求丝煮茧，锄地杀虫。念衣食之由来，皆杀彼以自活，故暴殄之孽，当与杀生等。

至于手所误伤，足所误践者，不知其几，皆当委曲防之。古诗云："爱鼠常留饭，怜蛾不点灯。"何其仁也！

善行无穷，不能殚述。由此十事而推广之，则万德可备矣。

谦德之效

《易》曰："天道亏盈而益谦，地道变盈而流谦，鬼神害盈而福谦，人道恶盈而好谦。"是故《谦》之一卦，六爻皆吉。《书》曰："满招损，谦受益。"予屡同诸公应试，每见寒士将达，必有一段谦光可掬。

辛未计偕，我嘉善同袍凡十人，惟丁敬宇宾，年最少，极其谦虚。

予告费锦坡曰："此兄今年必第。"

费曰："何以见之？"

予曰："惟谦受福。兄看十人中，有恂恂款款、不敢先人，如敬宇者乎？有恭敬顺承、小心谦畏，如敬宇者乎？有受侮不答、闻谤不辩，如敬宇者乎？人能如此，即天地鬼神，犹将佑之，岂有不发者？"

及开榜，丁果中式。

丁丑在京，与冯开之同处，见其虚己敛容，大变其少年之习。

李霁岩直谅益友，时面攻其非，但见其平怀顺受，未尝有一言相报。

予告之曰："福有福始，祸有祸先。此心果谦，天必相之。兄今年决第矣。"

已而果然。

赵裕峰光远，山东冠县人，童年举于乡，久不第。

其父为嘉善三尹，随之任。慕钱明吾，而执文见之。

明吾悉抹其文，赵不惟不怒，且心服而速改焉。

明年，遂登第。

壬辰岁，予入觐，晤夏建所，见其人气虚意下，谦光逼人。

归而告友人曰："凡天将发斯人也，未发其福，先发其慧。此慧一发，则浮者自实，肆者自敛。建所温良若此，天启之矣。"

及开榜，果中式。

江阴张畏岩，积学工文，有声艺林。

甲午，南京乡试，寓一寺中。揭晓无名，大骂试官，以为眯目。

时有一道者，在傍微笑，张遽移怒道者。

道者曰："相公文必不佳。"

张益怒曰："汝不见我文，乌知不佳？"

道者曰："闻作文，贵心气和平，今听公骂詈，不平甚矣，文安得工？"

张不觉屈服，因就而请教焉。

道者曰："中全要命，命不该中，文虽工，无益也。须自己做个转变。"

张曰："既是命，如何转变？"

道者曰："造命者天，立命者我。力行善事，广积阴德，何福不可求哉？"

张曰："我贫士，何能为？"

道者曰："善事阴功，皆由心造。常存此心，功德无量。且如谦虚一节，并不费钱，你如何不自反而骂试官乎？"

张由此折节自持，善日加修，德日加厚。

丁酉，梦至一高房，得试录一册，中多缺行。

问旁人，曰："此今科试录。"

问："何多缺名？"

曰："科第阴间三年一考较，须积德无咎者，方有名。如前所缺，皆系旧该中式，因新有薄行而去之者也。"

后指一行云："汝三年来，持身颇慎，或当补此，幸自爱。"

是科果中一百五名。

由此观之，举头三尺，决有神明；趋吉避凶，断然由我。

须使我存心制行，毫不得罪于天地鬼神，而虚心屈己，使天地鬼神，时时怜我，方有受福之基。

彼气盈者，必非远器，纵发亦无受用。

稍有识见之士，必不忍自狭其量，而自拒其福也。况谦则受教有地，而取善无穷，尤修业者所必不可少者也。

古语云："有志于功名者，必得功名；有志于富贵者，必得富贵。"

人之有志，如树之有根。立定此志，须念念谦虚，尘尘方便，自然感动天地，而造福由我。

今之求登科第者，初未尝有真志，不过一时意兴耳。兴到则求，兴阑则止。

孟子曰："王之好乐甚，齐其庶几乎！"

予于科名亦然。

功过格

云谷禅师赠"功过格"与了凡先生，据此把每天的善恶言行分类记入日历，以敦促自己向善。下面的"功过格"，相传即云谷禅师赠与了凡夫妇的。

斗转星移，事过境迁。我们应与时俱进，在此基础上制定新的功过标准，然后以此为据，把个人功过逐日记入日历，每过一段时间，或一周、一月，予以加减计算，弄清自己是功大于过，还是过大于功。比如当月记功 500，记过 300，功过相抵，则本月立 200 功;当月记功 500，记过 600，功过相抵，则本月犯 100 过。

如能持之以恒地改过积善，不仅可以俯仰无愧，还会为自己和子孙带来无量的福报。

功　格		
准百功		
救免一人死		完一妇女节
阻人不溺一子女		为人延一嗣
准五十功		
免堕一胎		当欲染境，守正不染
收养一无倚		葬一无主骸骨
救免一人流离		救免一人军徒重罪
白一人冤		发一言利及百姓
准三十功		
施一葬地与无土之家		化一为非者改行
度一受戒弟子		完聚一人夫妇
收养一无主遗弃门孩		成就一人德业
准十功		
荐引一有德人		除一人害
编纂一切众经法		以方术治一人重病
发至德之言		有财势可使而不使
善遗妾婢		救一有力报人之畜命
准五功		
劝息一人讼		传人一保益性命事
编纂一保益性命经法		以方术救一人轻疾
劝止传播人恶		供养一贤善人
祈福禳灾等，但许善愿不杀生		救一无力报人之畜命
准三功		
受一横不嗔		任一谤不辩
受一逆耳言		免一应责人

功　格		
劝养蚕、渔人、猎人、屠人等改业		葬一自死畜类	
准一功			
赞一人善		掩一人恶	
劝息一人争		阻人一非为事	
济一人饥		留无归人一宿	
救一人寒		施药一服	
施行劝济人书文		诵经一卷	
礼忏百拜		诵佛号千声	
讲演善法谕及十人		兴事利及十人	
拾得遗字一二		饭一僧	
护持僧众一人		不拒乞人	
接济人、畜一时疲顿		见人有忧，善为解慰	
肉食人持斋一日		见杀不食	
闻杀不食		为己杀不食	
葬一自死禽类		放一生	
救一细微湿化之属命		作功果荐沉魂	
散钱、粟、衣帛济人		饶人债负	
还人遗物		不义之财不取	
代人完纳债负		让地让产	
劝人出财作种功德		不负寄托财物	
建仓平粜、修造路桥、疏河掘井、修置三宝寺院、造三宝尊像及施香烛灯油等物、施茶水、舍棺木一切方便等事			
*自"作功果"以下，俱以百钱为一功			
共计：　　功			

过　格			
准百过			
致一人死		失一妇女节	
赞人溺一子女		绝一人嗣	
准五十过			
堕一胎		破一人婚	
抛一人骸		谋人妻女	
致一人流离		致一人军徒重罪	
教人不忠不孝大恶等事		发一言害及百姓	
准三十过			
造谤污陷一人		摘发一人阴私与行止事	
唆一人讼		毁一人戒行	
反背师长		抵触父兄	
离间人骨肉		荒年积囤五谷不粜生索	
准十过			
排摈一有德人		荐用一匪人	
平人一家		凌孤逼寡	
受畜一失节妇		畜一杀众生具	
恶语向尊亲、师长、良儒		修合害人毒药	
非法用刑		毁坏一切正法经典	
诵经时，心中杂想恶事		以外道邪法授人	
发损德之言		杀一有力报人之畜命	
准五过			
讪谤一切正法经典		见一冤可白不白	
遇一病求救不救		阻绝一道路桥梁	
编纂一伤化词传		造一浑名歌谣	
恶口犯平交		杀一无力报人之畜命	
非法烹炮生物，使受极苦			

过　格			
准三过			
嗔一逆耳言		乖一尊卑次	
责一不应责人		播一人恶	
两舌离间一人		欺诳一无识	
毁人成功		见人有忧，心生畅快	
见人失利、失名，心生欢喜		见人富贵，愿他贫贱	
失意辄怨天尤人		分外营求	
准一过			
没一人善		唆一人斗	
心中暗举恶意害人		助人为非一事	
见人盗细物不阻		见人忧惊不慰	
役人、畜，不怜疲顿		不告人取人一针一草	
遗弃字纸		暴弃五谷天物	
负一约		醉犯一人	
见一人饥寒不救济		诵经差漏一字句	
僧人乞食不与		拒一乞人	
食酒肉五辛，诵经登三宝地		服一非法服	
食一报人之畜等肉		杀一细微湿化属命以及覆巢破卵等事	
背众受利，伤用他钱		负贷	
负遗		负寄托财物	
因公恃势乞索、巧索，取人一切财物		废坏三宝尊像以及殿宇、器用等物	
斗秤等小出大入		贩卖屠刀、渔网等物	
*自"背众受利"以下，俱以百钱为一过			
共计：　　过			

准百功：折合一百功。

准百功之阻人不溺一子女：阻止别人溺死一个婴儿。

准五十功之无倚：无依无靠之人。

准三十功之门孩：同门同族的孩子。一说指被遗弃在自家门口的孩子。

准三功之受一横不瞋：受到别人一次无理对待而不生气。

准一功之救一细微湿化之属命：救助一只虫蛾之类的细小生命。

准一功之以百钱为一功：指在做"散钱粟衣帛济人""饶人债负"等各项善事时，每付出一百钱为一功。过格的"以百钱为一过"同理。

准三十过之不粜生索：不拿出粮食以拯救生命。

准五过之造一诨名歌谣：擅自为别人起绰号、造歌谣。

准五过之恶口犯平交：咒骂与自己有交往的平辈之人。

准三过之乖一尊卑次：搞乱一次尊卑次序。乖，违背。

准一过之负遗：拾到别人的财物不归还。